U0724458

零 食

饮食百科编委会　编著

中国大百科全书出版社

图书在版编目（CIP）数据

饮食百科．零食 / 饮食百科编委会编著．-- 北京：中国大百科全书出版社，2025. 1. -- ISBN 978-7-5202 -1812-2

Ⅰ．TS2-49

中国国家版本馆 CIP 数据核字第 2024GR2390 号

总 策 划：刘　杭　　郭继艳
策划编辑：张会芳
责任编辑：刘翠翠
责任校对：邵桃炜
责任印制：王亚青
出版发行：中国大百科全书出版社有限公司
地　　址：北京市西城区阜成门北大街 17 号
邮政编码：100037
电　　话：010-88390811
网　　址：http://www.ecph.com.cn
印　　刷：唐山富达印务有限公司
开　　本：710mm×1000mm　1/16
印　　张：10
字　　数：100 千字
版　　次：2025 年 1 月第 1 版
印　　次：2025 年 1 月第 1 次印刷
书　　号：ISBN 978-7-5202-1812-2
定　　价：48.00 元

本书如有印装质量问题，可与出版社联系调换。

总 序

这是一套面向大众、根植于《中国大百科全书》第三版（以下简称百科三版）的百科通俗读物。

百科全书是概要记述人类一切门类知识或某一门类知识的完备的工具书。它的主要作用是供人们随时查检需要的知识和事实资料，还具有扩大读者知识视野和帮助人们系统求知的教育作用，常被誉为"没有围墙的大学"。简而言之，它是回答问题的书，是扩展知识的书。

中国大百科全书出版社从 1978 年起，陆续编纂出版了《中国大百科全书》第一版、第二版和第三版。这是我国科学文化建设的一项重要基础性、标志性、创新性工程，是在百年未有之大变局和中华民族伟大复兴全局的大背景下，提升我国文化软实力、提高中华文化国际影响力的一项重要举措，具有重大的现实意义和深远的历史意义。

百科三版的编纂工作经国务院立项，得到国家各有关部门、全国科学文化研究机构、学术团体、高等院校的大力支持，专家、学者 5 万余人参与编纂，代表了各学科最高的专业水平。专家、作者和编辑人员殚精竭虑，按照习近平总书记的要求，努力将百科三版建设成有中国特色、有国际影响力的权威知识宝库。截至 2023 年底，百科三版通过网站（www.zgbk.com）发布了 50 余万个网络版条目，并陆续出版了一批纸质版学科卷百科全书，将中国的百科全书事业推向了一个新的高度。

重文修武，耕读传家，是我们中国人悠久的文化传承。作为出版人，我们以传播科学文化知识为己任，希望通过出版更多优秀的出版物来落实总书记的要求——推动文化繁荣、建设中华民族现代文明，努力建设中国式现代化强国。

为了更好地向大众普及科学文化知识，我们从《中国大百科全书》第三版中选取一些条目，通过"人居环境""科学通识""地球知识""工艺美术""动物百科""植物百科""渔猎文明""交通百科"等主题结集成册，精心策划了这套大众版图书。其中每一个主题包含不同数量的分册，不仅保持条目的科学性、知识性、准确性、严谨性，而且具备趣味性、可读性，语言风格和内容深度上更适合非专业读者，希望读者在领略丰富多彩的各领域知识之时，也能了解到书中展示的科学的知识体系。

衷心希望广大读者喜爱这套丛书，并敬请对书中不足之处给予批评指正！

《中国大百科全书》编辑部

"饮食百科"丛书序

　　食物是人类赖以生存和社会赖以发展的首要条件。由农业提供的食物大致可分为植物性食物和动物性食物两大类。植物性食物包括谷物、薯类、豆类、水果、蔬菜、植物油、食糖等；动物性食物包括家畜的肉和奶、家禽的肉和蛋以及鱼类和其他水产品等。按各种食物在膳食结构中的比重和用途，食物还可分为主食和副食以及调味品、零食等。主食和副食在世界不同的地方有不同的含义。在中国大部分地区，主食主要指谷物和薯类，通称粮食；而水果、蔬菜以至肉、奶、蛋等动物性食物则被归入副食一类。

　　人的营养需要，靠摄取不同种类的食物得到满足。谷物中碳水化合物占较大比重（63% ～ 75%），是热量的主要来源；肉、奶、蛋富含蛋白质，来自家畜、家禽和水产品，是目前人类所消费的蛋白质的主要来源；蔬菜和水果是维生素和矿物质的主要来源。零食含有一定的能量和营养素，可以给人们带来一定的精神享受，也可满足特殊人群对某些营养素的需求。调味品能提升菜品味道，增进食欲，满足消费者的感官需要。维生素是一类维持生物正常生命现象所必需的小分子有机物，人与动物体内或者不能合成维生素，或者合成量不足，必须由外界供给。食品添加剂通常不作为食品消费，不是食品的典型成分，也不包括污染物或者为提高食品营养价值而加入食品中的物质，但正确使用食品添加剂对提高食品感官质量和营养价值、防止食品变质、延长食品保存期等具有一定作用。

　　为便于读者全面地了解各类食物，编委会依托《中国大百科全书》第三版作物学、园艺学、畜牧学、渔业、食品科学与工程、化学等学科内容，组织策划了"饮食百科"丛书，编为《谷物》《水果》《蔬菜》《肉奶蛋》《零食》《调味品》《食品添加剂》《维生素》等分册，图文并茂地介绍了各类食物、食品添加剂和维生素等。因受篇幅限制，仅收录了相对常见的类型及种类。

　　希望这套丛书能够让读者更多地了解和认识各类食物、食品添加剂和维生素，起到传播饮食科学知识的作用。

饮食百科丛书编委会

目 录

第 2 章　烘焙类　45

第 3 章　水果类制品　63

第4章 肉类制品 71

第5章 乳类制品 85

第1章
干果类

　　干果是果实含水分较少的坚果和经过晾晒、烘干使其水分减少的干制果，泛指经过干制的坚果果实或种子、鲜果、果肉和种仁。

　　中国干果树种栽培历史悠久，种质资源非常丰富，许多干果树种起源于中国。据古代文献《诗经》（前11～前6世纪）、《夏小正》（公元前9世纪）和近代考古发掘资料，中国干果的栽培历史在3000年以上，其中枣、酸枣、栗、柿、君迁子、东北杏、西伯利亚杏、核桃、野核桃、泡核桃、山核桃、板栗、茅栗、锥栗、榛、银杏、香榧等均原产于中国。其中许多干果树种，自汉代起先后引种到世界各地，为世界干果发展做出了重要贡献。中国也从其他国家引入了一些干果树种，如澳洲坚果、美国山核桃、日本栗等。

　　坚果指外被坚硬壳皮，须剥去硬壳方能食用的果实或种子，主要食用种仁，如核桃、板栗、扁桃、杏仁、榛子、香榧、阿月浑子等。干制果指食用部分经晾晒或高温烘烤，减少水分含量后制成的果干、果脯等食品，如枣、葡萄干、杏干、柿饼、罗汉果、龙眼等。

　　生产干果的树种是一类以适应性强和果实（种子）富含营养著称的果树，在热带、亚热带、温带和寒带均有分布。中国是世界干果生产第一大国，其中枣、核桃、板栗、仁用杏、柿等主要干果的面积和产量均占世界 60% 以上。干果在中国山沙碱旱贫困地区脱贫致富、生态重建和出口创汇方面有重要作用。

坚 果

坚果是由单心皮或合生心皮形成，成熟时果皮坚硬干燥的果实。可食部分多为种子的子叶或胚乳。产坚果的果树有栗、榛、核桃、山核桃、椰子、阿月浑子、澳洲坚果、巴西坚果等。香榧、银杏等裸子植物所具坚硬种皮的种子，园艺学上也称坚果。

坚果构造差异很大。典型坚果如栗，属假果类，由聚生于带刺总苞内的下子房和花托、萼筒组成。总苞内着生雌花序，子房的外、中、内皮形成革质化果皮。幼果时果皮呈绿色，成熟时变褐色。种仁主要为肥大的子叶，淡黄色或黄白色，是食用部分。榛果实大致与栗相似，特点是多数种总苞无刺，每苞含坚果一至三个，少数种含四至六个，食用部分也是子叶。核桃果实属雌花子房下位，外被总苞，萼片四裂，果实外层为肉质的青皮，青皮内为坚果。山核桃果实构造与核桃相似。椰子果实由雌花子房发育而成，外果皮膜质，中果皮纤维质，木质内果皮形成椰壳。椰壳内有白色肥厚胚乳，称椰肉，是主要食用部分。阿月浑子果实（开心果）构造同核果，可食部分为子叶。坚果含水分少，耐贮运，富含脂肪、蛋白质、糖和淀粉等。

澳洲坚果

澳洲坚果是山龙眼科澳洲坚果属常绿树木。

澳洲坚果为优良干果树种，其果实在市场上被称为澳洲坚果、昆士兰果、夏威夷果。

◆ 资源分布

澳洲坚果在北纬 34°～南纬 30° 的 20 多个国家和地区均有种植，但大多数商业性产区位于南北纬 16°～24°，主产国为澳大利亚、南非、美国、肯尼亚和中国等。该属共有 18 种，其中 10 种原产澳大利亚昆山兰州东南部和新南威尔士州东北部、南纬 25°～31° 的沿海热带雨林。

◆ 主要种类

澳洲坚果作为果用栽培的是全缘叶澳洲坚果和四叶澳洲坚果 2 种。作为园林观赏栽培的还有三叶澳洲坚果等。

全缘叶澳洲坚果

全缘叶澳洲坚果俗名澳洲坚果、光壳澳洲坚果，简称光壳种。原产澳大利亚大分水岭东面、昆士兰州和新南威尔士州相邻的热带雨林，南纬 25°～28°。常绿乔木，树高达 18 米，冠幅直径达 15 米，新梢淡绿色，叶倒披针形或倒卵形，全缘或几乎全缘，顶端圆形，有叶柄。三叶轮生，偶见四叶轮生，小实生苗和新梢有二叶对生现象。总状花序，着生在 1.5～2 年生或 3 年生老熟小枝上。两性花，无花瓣，白色。蓇葖果，球形，果皮亮绿色，无茸毛，内有 1 粒球形种子，偶有 2 粒半球形种子。种子即为常说的坚果，种壳光滑坚硬，2～5 毫米厚，种仁白色，子叶 2 片，半球形。在澳大利亚 3 ~ 6 月果实成熟，在夏威夷 7 ~ 11 月果实成熟。在中国华南地区，一年抽生 3 ~ 4 次梢，花期 2 月中下旬 ~ 4 月初，果实成熟期 8 ~ 9 月。现有经济栽培品种多来源于该种。

四叶澳洲坚果

四叶澳洲坚果俗名澳洲坚果、粗壳澳洲坚果、刺叶澳洲坚果，简称粗壳种。原产澳大利亚大分水岭东面、昆士兰州和新南威尔士州相邻的热带雨林，南纬 28° ~ 29°。常绿乔木，树高达 15 米，冠幅达 18 米。小枝暗黑色，新梢嫩叶红色或粉红色。叶倒披针形，无叶柄或近无叶柄，叶缘多刺，顶端尖。四叶轮生，偶见三叶或五叶轮生，小实生苗二叶对生。花粉红色。在澳大利亚 3 ~ 6 月果实成熟，在夏威夷 7 ~ 10 月果实成熟，在中国广东湛江 8 月中旬至 9 月底果实成熟。果椭圆形，果皮灰绿色，密生白色短茸毛，种壳粗糙，种仁颜色比光壳澳洲坚果深。该种也是重要经济栽培种，耐寒性较光壳澳洲坚果强。

三叶澳洲坚果

三叶澳洲坚果俗名澳洲坚果、粗壳澳洲坚果、刺叶澳洲坚果、昆士兰小坚果。原产澳大利亚昆士兰州和新南威尔士州相邻的东海岸热带雨林，南纬 26° ~ 27° 30′。常绿乔木，树高 5 ~ 15 米。多主干。小枝暗黑色，新梢红色。叶倒披针形，有叶柄，叶缘有刺，三叶轮生，小实生苗二叶对生。花色粉红。在澳大利亚果实成熟盛期在 4 月，在中国广州花期 4 ~ 5 月，果熟期 7 ~ 8 月。果球形，果皮灰绿色，有浓密的白色茸毛，种壳光滑，种仁味苦。一般作观赏树木。

◆ **生长习性**

澳洲坚果幼树能耐 -4℃ 低温，成年树能耐 -6℃ 短期低温，高温不超过 32℃、低温不低于 13℃ 的无霜冻地区为最适栽培区。年降水量以不少于 1000 毫米为宜。要求土层深厚、疏松、排水良好，pH5 ~ 5.5。茎干直立，分枝较多，树冠高大，主根不发达，侧根庞大，根系分布较浅，多数分布在 0 ~ 40 厘米土层中，抗风性能差。

◆ **培育技术**

培育澳洲坚果通常采用嫁接或扦插育苗。嫁接的砧木常用光壳种的品种实生苗。最适嫁接季节是秋末、初冬和春季。扦插育苗宜选择灰白色、木质化、粗度 0.5 ~ 1.0 厘米的枝条作插穗，在气温为 18 ~ 22℃ 时扦插最适宜，中国产区一般在 11 ~ 12 月。栽植最好在春季、冬季或雨季，株行距（4 ~ 5）米 ×（5 ~ 6）米，每亩 25 ~ 30 株，宜用苗高 50 厘米以上苗木造林。自花授粉，但具有一定的自交不孕性，最好 2 个以上品种混栽。

澳洲坚果的幼树在萌芽前一星期施尿素促新梢，新梢 7 ~ 10 厘米长时施复合肥和钾肥以壮梢。结果的成年树，2 月初施花前肥，以速效氮肥为主，配实磷钾肥；3 月中旬施谢花肥，以氮磷钾复合肥为主；4 月底施壮果肥，应减少氮肥用量；7 月底 ~ 8 月中旬，施果前肥；10 月初施果后肥。另外，春季新梢萌发前施基肥，7 ~ 8 月压青。

◆ **常见病虫害**

澳洲坚果的病害有猝倒病、立枯病、根腐病、嫁接苗回枯病、炭疽病、果壳斑点病、花疫病、植株衰退病、茎干溃疡病、枝条绯腐病、根茎瘿瘤病。主要为害害虫有蚂蚁、蓟马、蚜虫、澳洲坚果花螟、光亮缘蝽、褐缘蝽、澳洲坚果蛀果螟、柱石绿蝽、澳洲坚果穿孔齿小蠹、小卷蛾、澳洲坚果绒蚧、澳洲坚果缢枝蛾、潜叶蛾、白蛾蜡蝉、蓑蛾等。

◆ 价值

澳洲坚果食用部分为种仁，营养丰富，含碳水化合物 10%，蛋白质 9.2%，脂肪 78% 以上，油脂中的不饱和脂肪酸含量 84% 左右。可生食，烤制后酥脆，口感细腻，有奶油清香，常用作烹调食品、小吃或制作夹心巧克力及糕点、冰激凌等的配料。

巴西坚果

巴西坚果是被子植物门双子叶植物纲杜鹃花目玉蕊科巴西栗属唯一种，是亚马孙雨林最高的树种之一。原产于南美洲北部，包括委内瑞拉、圭亚那、法属圭亚那、苏里南、巴西北部及中西部等地的大河沿岸地区。

巴西坚果植株为大乔木，树高可达 50 米，树干直径可达 1～2 米，少分枝，树皮光滑，浅灰色。叶集生枝端，单叶，互生，厚革质，阔矩圆形，长 20～35 厘米，宽 10～15 厘米，先端圆形至急尖，叶基圆钝，边缘波状。花两性，辐射对称；穗形总状花序；萼片 4～6；花瓣 4～6，淡黄绿色；雄蕊多数，成数轮，基部多少结合；心皮 2，合生，子房下位，2 室，每室具 1 至多数胚珠。果实球形，黑褐色，直径 12～15 厘米，内藏种子 8～24 粒，分室排列如柑橘。

巴西坚果的果实顶部生有一小洞，一些大型啮齿动物，如刺豚鼠能从此洞啃咬开果实，从而享用其中富含营养的种子。它们会将吃剩的种子埋藏在土里，这样，一部分的种子便能借此传播发芽。

巴西坚果寿命可达 500 年，甚至 1000 年。平时所称的"巴西坚果"其实是它的种子，其油脂含量达 66%，并富含蛋白质、铁及多种维生素和矿物质，被亚马孙河流域国家大力推崇，并开发成为国际上重要的粮食和油料作物之一。巴西坚果油也可用于制作颜料和化妆品，坚硬的果壳还可用于抛光器具。巴西坚果的茎干虽直立、木材上乘，但因其受到保护，在玻利维亚、巴西及秘鲁这 3 个主要产地，已禁止对其砍伐。

核　桃

核桃是栽培利用的核（胡）桃科植物及其坚果的统称。

核桃科植物为落叶或半常绿乔木或小乔木，在全世界约有 9 属 71 种，广泛分布于亚洲、欧洲、北美洲、南美洲和大洋洲的热带至温带区域，绝大多数种类分布于北半球。该科在中国有 7 属 27 种 1 变种，通过对其进行地理分布、相关文献考证、地质化石分析、文物考古和出土文物鉴定及孢粉分析等多方面的研究，认为核桃科植物为本地起源，中国是核桃科植物原产地之一。

◆ 栽培简史

中国种植核桃的历史已有 3000 多年，多种多样的地理气候条件，加上不断的引种传播，使多数省（市、自治区）都有核桃种植，截至 2018 年核桃种植总面积达 1.19 亿亩。20 世纪 60 年代以来，中国培育出一大批早实丰产良种和抗性砧木良种，这些良种的推广和应用再加上无性繁殖理论和技术的突破，极大地推动了集约化栽培，有力支撑了国家核桃产业的发展。据联合国粮食及农业组织（FAO）统计，截至2018年生产核桃的国家有59个，收获面积达155万公顷，其中中国、美国、伊朗、土耳其、墨西哥、乌克兰、智利、罗马尼亚和法国等10个国家的核桃产量名列前茅，中国核桃产量为1586367吨，几乎占到世界总产量的一半。

◆ 价值

核桃科的许多种都具有重要的经济价值，在全世界长期种植、驯化和利用。其中，核（胡）桃属和山核桃属的物种栽培利用最多。这两个属的大多数物种坚果风味独特、营养丰富，核仁油脂含量高达65%～70%，居所有木本油料之首，尤其是核桃、泡核桃、山核桃和薄壳山核桃4个种是中国的主栽种。核桃的木材材性优良，例如黑胡桃被公认为是高档硬木木材。加工成不同粒径的坚果壳是重要的工业原料。核桃的多种器官都能用作提取多酚等重要化学物质的原料。另外，核桃还是重要的生态树种，在环保绿

泡核桃

泡核桃果实

化、涵养水源、水土保持等方面生态效益显著。

随着核桃产业链的不断延伸，核桃作为生态经济型树种，在维护国家粮油安全、农民致富、乡村振兴、提升人民整体健康水平、维护生态安全等战略举措中发挥着重大作用。

山核桃

山核桃是胡桃科山核桃属植物。全属植物全世界约有 18 个种，2个亚种。

◆ 分布

山核桃主要分布于北美洲东部和亚洲东南部。中国分布有 5 种，分别为贵州山核桃、浙江山核桃、湖南山核桃、大别山山核桃和云南山核桃；引入栽培美国山核桃 1 种，又称薄壳山核桃、长山核桃。山核桃在中国主要分布于以浙江昌化为中心的浙皖交界的天目山区，包括浙江的临安、淳安、桐庐、安吉及安徽的宁国、歙县、绩溪等县市。浙江建德、富阳、长兴、开化及安徽的石台等县市有少量分布。

◆ 形态特征

山核桃为落叶乔木，树高最高可达 20 米左右。树皮光滑，幼时青褐色，老时灰白色。裸芽，新梢、叶背以及核果外表均密被橙黄色腺体。奇数羽状复叶；小叶 5～7 片，卵形至卵状披针形，先端渐尖，边缘锯齿尖细，

山核桃果实

下面具黄色腺鳞，沿中脉有柔毛。雌雄同株异花，雄花为三出柔黄花序，雌花为顶生穗状花序，核果倒卵形，长 2.0 ～ 2.5 厘米，有 4 棱，外果皮密生黄色腺体，4 裂果；果核卵圆形，顶端短尖，基部圆形，壳厚有浅皱纹。风播。

◆ 生长习性

山核桃较耐寒又耐阴，生长以全年平均温度 13.5 ～ 17.2℃，年降水量 1300 ～ 1500 毫米，海拔 200 ～ 800 米的阴坡山地为好。其生长发育需充足水分，不同物候期对水分有不同要求。春梢生长，花器发育，果实和裸芽生长发育期，要求雨水充沛均匀，干旱会影响果实发育，增加落果和空果。山核桃分布区的母岩以石灰岩最多，以石灰岩发育的黑色和红色淋溶石灰土、板岩发育的石质红壤、页岩发育的黄壤、红壤生长为好，土壤肥力是影响山核桃生长发育的主导因子。

◆ 常见病虫害

山核桃食叶害虫有天社蛾，蛀干害虫有皱绿天牛、云斑天牛、桑天牛等。干腐病是影响山核桃生长的主要病害。

◆ 价值

山核桃坚果出仁率 43.7% ～ 79.2%，果仁出油率 69.8% ～ 74.0%，含蛋白质 18.3%，富含丰富的维生素和矿质元素；山核桃油酸值低，碘价高，油酸、亚油酸等不饱和脂肪酸占总脂肪酸的 88.4% ～ 95.7%，油味清香，颜色淡黄，具有润肺滋补功效。山核桃木材红褐色，边材黄白色或淡黄褐色，纹理通直，材质致密坚韧，耐腐，为优良的家具、军工用材；树皮、外果皮富含单宁，果壳可制活性炭。山核桃还是石灰岩山地造林的优良树种，在保持水土、涵养水源、培肥土壤、改善环境等方面起着重要的作用。

花　生

花生是豆科蝶形花亚科落花生属一年生草本作物。因地上开花、地下结实，故称落花生。又称落地松、万寿果、番豆、无花果等。

花生仁富含脂肪和蛋白质，是一种重要的油料作物，也是食品加工、医药和化学工业原料。花生可直接食用，是一种深受人们喜爱的小食品。

◆ 起源

花生属收集、鉴定的有 22 个种，其属的起源中心在南美洲安第斯山麓以东，亚马孙河南部和拉普拉塔河北部。其中只有一个栽培种 *Arachis hypogaea* 起源于玻利维亚的安第斯山麓。花生栽培种为异源四倍体，包括两个染色体组，其中一组具有一显著短小的染色体 A，称为 A 组；带随体的为 B 组。栽培种的演化有多种说法：一致认为 *A. batizocoi* 是栽培种 B 染色体组的供体种。在 A 染色体组供体种上则有 3 种见解：有的学者认为 *A. chacoense* 和 *A. villosa* 是供种体；有的认为是 *A. cardenasii*；有的则认为玻利维亚的许多原始群体和过渡类型的一些性状与 *A. monticola*、*A. batizocoi* 和 *A. duranensis* 相近，并证明 *Arachis hypogaea* 中疏枝亚种是由密枝亚种演变而来。2014 年 4 月国际学界对花生基因组完成了全测序，最终证明花生这个种本身的确是个杂交起源的种。它的两个亲本，一个是现在园艺上经常用的蔓花生（*Arachis duranensis*），另一个叫 *Arachis ipaensis*，原产地均在玻利维亚、巴拉圭到阿根廷北部一带。大约 4000 ～ 6000 年前，这两个种在阿根廷北部发生了自然杂交，便形成了今天栽培的花生的祖先。

发现新大陆之后，花生逐渐经由西班牙和葡萄牙的探险家传播出去。欧洲文献中最早对花生有记载的是西班牙的《西印度自然通史》。在中国，有关花生的记载始见于元末明初贾铭所著《饮食须知》，其后许多书籍不但载有落花生的生物学特性，而且记载有其地理分布等。可见中国有关花生的文献记载约早于欧洲 100 多年。据各方面研究证明，可能同时存在以下几条传播途径：① 14 世纪中叶，有大量植物引入欧洲，最早的报道是西班牙的内科医生 N. 蒙纳德斯于 1374 年的描述。由于花生在植物形态上存在的特异性，经过学者们长达两个世纪的纷争和研究，直到 1693 年出版的《美洲植物志》才对花生有了明确一致的认识，但由于气候和农业生产条件的限制，并没有在欧洲农业生产上得到利用。②由葡萄牙航海家从巴西经马来群岛传入非洲东海岸。研究巴西型花生（普通型）的学者认为，约 16 世纪中期，花生由贩奴船带到北美洲，由于美国的弗吉尼亚州是美国奴隶劳动的重点地区，于是这批花生发展为今日的弗吉尼亚型（普通型）花生。③中国的花生经由巴西、秘鲁、墨西哥沿太平洋船运航线，由墨西哥的阿卡普尔科至菲律宾的马尼拉、爪哇而至中国的东南沿海一带。据研究，这条线上所传播的是秘鲁型花生（龙生型）。据中国古籍记载，最早种植花生的是广东、福建等省，所种植的"番豆"意指外国来的花生，实际上指的就是龙生型花生。

世界上生产花生的国家主要分布于亚洲、非洲和美洲，这 3 个地区的花生产量占世界总产量的 99% 以上。其中亚洲的花生产量为 2400.6 万吨，占世界总产量的 67.20%，主要生产国是中国、印度、印度尼西亚和缅甸，产量分别是 1438.5 万吨、650.0 万吨、145.0 万吨和 71.5 万吨，占世界总产量的比值分别为 40.27%、18.20%、4.06% 和 2.00%。中国和印度分别是世界第一和第二花生生产大国，印度尼西亚排在第五位。非洲的花生产量为 880.7 万吨，占世界总产量的 24.65%，主要生产国尼日利亚的产量为 392.7 万吨，占世界总产量的 8.22%，排在世界花生生产国的第三位。北美洲和南美洲的花生产量占世界总产量的 7.2%，主要生产国是美国和阿根廷。

中国花生分布范围虽然广泛，但是由于其生长发育需要一定的温度、水分和适宜的生育期，因此生产布局又相对集中。中国花生分布主要在山东、辽宁东部、广东雷州半岛、黄淮河地区以及东南沿海的海滨丘陵和沙土区。其中山东省约占全国生产面积的 1/4，总产量的 1/3 强。

◆ **分布**

世界上种植花生的国家超过 100 个，主要分布在南纬 40° 至北纬 40° 的热带、亚热带和暖温带地区。随着人口增长和消费需求拉动，全球花生生产总体呈增长趋势，据联合国粮食及农业组织（FAO）统计数据记载，1961 年全球花生面积、总产分别为 1664.1 万公顷、1413.4 万吨，2000 年分别增加到 2320.5 万公顷、3478.9 万吨，2019 年进一步分别增长到 2959.7 万公顷、4876.7 万吨。20 世纪初以来的近百年里，亚洲花生种植面积和总产均居全球之首，其次是非洲，再次是美洲，但 2010 年之后非洲的面积稳定超过亚洲，总产则仍以亚洲最大。到 2019

年，亚洲花生面积和总产分别占全球的 37.55% 和 55.88%，非洲分别占 57.93% 和 34.12%，美洲分别占 4.48% 和 9.95%，其中面积居前 10 位的国家依次是印度、中国、尼日利亚、苏丹、塞内加尔、缅甸、坦桑尼亚、几内亚、尼日尔、乍得，总产居前 10 位的国家依次是中国、印度、尼日利亚、苏丹、美国、缅甸、塞内加尔、阿根廷、几内亚、乍得。澳大利亚和欧洲南部（西班牙、意大利、希腊等）虽然也有少量花生种植，但在全球的占比合计低于 0.5%。1993 年以来，中国花生总产量和消费量一直居世界首位。

中国花生种植区分布极广，各省（自治区、直辖市）均有种植，东自东经 132° 的黑龙江密山，西至东经 75° 的新疆喀什，南起北纬 18° 的海南三亚，北到北纬 50° 的黑龙江瑷珲。花生种植海拔最低的地区是低于海平面 154 米的新疆吐鲁番盆地，最高是海拔 2200 米以上的云贵高原。花生虽然适应性较广，但一般只有在年均气温 11℃ 以上、生育期积温超过 2800℃、年降水量高于 500 毫米（或具有灌溉条件）的地区才能种植。由于自然条件、种植习惯、市场需求等因素的影响，中国历史上形成了胶东半岛、辽东半岛、雷州半岛、黄淮平原、长江流域和东南沿海丘陵等相对集中的花生产区，其中山东省的面积和总产曾长期居首位。在 1984 年张承祥等研究制定的花生种植区划中，全国共划分为黄河流域区、长江流域区、东南沿海区、云贵高原区、黄土高原区、东北区、西北区等 7 个种植区及若干个亚区。1978 年改革开放以来，全国花生生产总体增长较快，面积从 207.4 万公顷增长到 2019 年的 450.0 万公顷，总产从 282.2 万吨增长到 2019 年的 1752.0 万吨。随着 21 世纪初以来的农业结构调整，东北（含辽宁、吉林、黑龙江、内蒙古）、西北（新疆为主）、西南山地（含四川、贵州、云南、重庆）的花生种植进一步增长，其中东北地区已发展成为继黄淮海、长江流域、华南沿海之后的第四大产区，面积超过 67 万公顷。另一方面，随着花生种植制度的改革和黄淮地区麦茬夏直播花生的发展，河南省花生生产快速增加，在 2005 年前后面积和总产均跃居全国首位。2016 ～ 2020 年，全国花生年种植面积超过 6.67 万公顷（100 万亩）的主产省（自治区）依次是河南、山东、广东、辽宁、河北、四川、吉林、湖北、广西、江西、安徽、湖南、江苏、福建，也是总产排前 14 位的省（自治区）。

◆ 形态特征

花生为圆锥根系，入土可达 2 米，但主要分布在地下 30 厘米左右的耕作层中。根上着生根瘤菌。主茎直立，绿色，高度因品种和栽培条件而异，从十几厘米到几十厘米不等。叶互生，为 4 小叶羽状复叶。总状花序，每个花序一般可着生 4 ～ 7 朵花，多的可达 10 朵以上而形成长花枝，蝶形花，黄色或橙色。雄蕊 10 个，柱头羽毛状，子房基部有子房柄，受精后经 3 ～ 6 天伸长形成棍状物，称果针，一般长 10 ～ 15 厘米。果针伸长后向地生长，将子房送入土中，达到一定深度后，子房开始向水平方向生长发育而形成荚果；荚果果壳坚硬，成熟后不开裂；每个荚果有 2 ～ 6 粒种子，以 2 粒居多。种子呈三角形、桃圆形、圆锥形或椭圆形等，花生种皮的颜色，大体可分为紫、褐、紫红、红、粉红、黄、白、花皮等多种。

◆ **生长习性**

花生属短日照作物，但对光周期的反应不甚敏感。花生对土壤适宜性较广，耐酸、耐旱、耐瘠，是开发红壤土的先锋作物，适宜 pH5.5 ～ 7.5。花生是喜温作物，全生育期所需要的总积温 2800 ～ 3460℃·日。品种类型间有明显差异，早熟品种低些。发芽的最低温度：珍珠豆型花生、多粒型花生是 12℃，普通型花生、龙生型花生是 15℃，高油酸花生在 17℃ 左右。花生适宜的土壤持水量，从播种至出苗以 60% ～ 70%、苗期以 50% ～ 60%、开花至荚果充实以 60% ～ 70%、荚果成熟期以 50% ～ 60% 较合适。土壤中花生根瘤菌受根系分泌物的吸引，使根细胞受刺激而形成根瘤，具有固氮能力，有利于花生的生长发育。

◆ **栽培管理**

中国栽培的花生主要有普通型、龙生型、珍珠豆型、多粒型和连续开花匍匐型。按照播种时期分为春播、夏播和秋播；按照种植方式可分为单作、间作和套种。不管哪一种种植制度，都要掌握适时播种，这是全苗、壮苗的关键。覆土不宜过厚，墒情较好时以 5 ～ 7 厘米为宜。一般生产条件下北方地区普通型花生亩栽 1.2 万 ～ 1.5 万株，珍珠豆型花生宜稍密；南方地区珍珠豆型品种亩栽 1.8 万～ 2.2 万株。花生需水量大，每生产 1 千克干物质约需水 225 千克，所以适期灌水很重要，南方多雨地区则要注意排水。一般以大部分荚果的内壁或内果皮颜色变褐至黑色时开始收获。常见的病害有花生锈病、早斑病、褐斑病和晚斑病等危害叶部的真菌病害。一般用轮作换茬、抗病育种、精选种子、加强管理、注意排水等综合性措施防治。主要虫害有蛴螬、蝼蛄、地老虎和种蝇等地下害虫，用毒土、毒谷、诱饵防治均有效；危害叶片的有苜蓿蚜虫、棉铃虫、斜纹夜蛾和卷叶虫等，可用杀虫剂防治。

◆ **价值**

花生仁含有 50% 的脂肪和 25% 左右的蛋白质，热量很高。生的全脂花生仁每 100 克含热量 568 卡，炒熟的全脂花生仁每 100 克含热量 585 卡。在花生仁蛋白质中含有人体所必需的 8 种氨基酸，花生蛋白质的可消化率很高，约为蛋白质总量的 90%，生熟花生差异不大。花生仁中还含有多种维生素和无机盐类。此外，还含有锌、锰、硼、铜等元素。

现代医学研究表明，花生仁、种皮、果壳、叶、茎、油均可入药。花生种皮能抑制蛋白纤维的溶解，促进骨髓制造血小板，加强毛细管的收缩机能，有止血作用。花生油品质良好，营养丰富，气味清香，是人们所喜爱的食用油。花生酱含有大量的脂肪、蛋白质和糖，易于消化，味香可口，是一种很好的食品。

花生饼粕蛋白质含量高达 50% 左右，还有少量的脂肪，含氮 7.56%、磷（P_2O_5）1.37%、钾（K_2O）1.50%。其含氮量比菜籽饼、大豆饼、棉籽饼和亚麻籽饼都高。符合卫生条件的花生饼粕，可加工成食品添加剂或用作饲料或肥料。花生茎叶含有 14% 左右的蛋白质，2% 左右的脂肪和 45% 左右的碳水化合物。蔓生型花生的蛋白质和脂肪含量略高于丛生型。每千克茎蔓含有可消化蛋白质 70 克左右，可作牲畜饲料。果壳中含蛋白质 4.87% ～ 7.2%，脂肪 1.2% ～ 2.8%，碳水化合物

10.6%～21.2%，粗纤维65.7%～79.3%。花生壳经发酵处理可提取石蜡、活性炭等多种产品。

向日葵

向日葵是菊科向日葵属一年生草本植物，又称葵花，古称丈菊、西番菊、迎阳花。向日葵因幼苗和花盘有向日性而得名，是雌雄同株异花授粉作物。

◆ 起源与分布

向日葵原产于北美洲西南部，其野生种则广泛分布在北纬30°～52°的北美洲南部、西南部以及秘鲁和墨西哥北部地区。早在1493年哥伦布发现新大陆以前，当地居民就把向日葵列为栽培的作物。16世纪初，西班牙探险队员从秘鲁和墨西哥将向日葵种子带到欧洲，最初种在西班牙的马德里植物园作为花卉植物栽培，之后逐步传播到其他国家。直到1779年，匈牙利人首先从向日葵籽实中提取出油脂，向日葵才正式被列为油料作物，栽培面积也随之不断扩大。19世纪中叶，向日葵作为油料作物开始大面积栽培。20世纪60年代以后，向日葵在世界各地得到迅速发展，其中欧盟、俄罗斯、乌克兰、阿根廷、美国、中国、印度和土耳其是世界市场上向日葵的主要生产国。到1974年，全世界向日葵油脂产量已仅次于大豆，跃居食用油产量的第二位。1985年全世界收获面积约1458.9万公顷，总产量约1907.8万吨，其中苏联收获面积408.5万公顷，总产523.5万吨，居世界第一位；美国次之。

约16世纪末、17世纪初，向日葵传入中国。明天启元年（1621），王象晋著《群芳谱》中已有对向日葵的记载。明清以来，向日葵在中国民间和各种文献中的别名甚多。长时期仅零星种植供观赏或采收干果食用。1985年，向日葵播种面积达119万公顷，总产量190.1万吨。中国向日葵主产区分布在北纬35°～55°的黄河以北省份，即东北、西北和华北地区，包括内蒙古、新疆、甘肃、山西、吉林、辽宁、黑龙江等省（自治区）。向日葵的生产潜力很大，可向西南、中南和华东地区扩种。

新疆阿勒泰种植的向日葵

◆ **形态特征**

向日葵根系强大，可深入土层2～2.5米，耐旱性强。茎直立，高0.8～4米，质硬粗糙被有粗毛，圆形多棱角。叶多为心脏形，叶缘缺刻或锯齿状，密生茸毛。头状花序习称葵花盘，着生于茎秆顶端，直径一般为20～30厘米，四周有绿色苞叶。边缘是舌状花，花瓣大，多橙黄色，起引诱昆虫的作用。中间为管状花，花冠5裂齿状，多为橙黄色，两性花，雄蕊5个聚合一起成聚药雄蕊，雌蕊1个。整个葵花盘一般有管状花1000～1500朵。果实为瘦果，倒长卵形，俗称葵花子。皮壳有黑、灰白相间、深灰色条纹或白色等，有棱线。油用种粒小，长8～14毫米，子仁饱满，皮壳薄，皮壳率25%左右，籽实含油率40%以上；食用种粒较大，含油率20%～30%，皮壳率高于油用种。

◆ 类型

油用向日葵

油用向日葵亦称"油葵",指种子主要作为油料的向日葵栽培类型。多为早熟或早中熟品种,生育期85～105天。植株较低矮,株高150～200厘米,多不分枝。叶片数30枚上下。叶片、花盘、籽粒均较小。籽粒较短,多卵圆形,壳薄仁饱。外壳多为黑色或黑灰条纹。种子含油率高,主要用于提取油脂,炒食的风味较次。

食用向日葵

食用向日葵亦称"食葵",指种子主要供炒食用的向日葵栽培类型。多为中晚熟品种,生育期110～140天。植株高大粗壮,株高250～300厘米,无分枝,或部分植株有分枝。叶片繁茂,总叶片数40枚上下。叶片、花盘、籽粒都较大。籽粒多长锥形,壳厚仁不很饱满。外壳多呈黑白相间的条纹。种仁含淀粉、糖分和蛋白质较多,烘炒后香醇酥脆可口,主要供炒食,因含油率低,很少用于提取油脂。

中间型向日葵

中间型向日葵指植株性状、生育性状均介于油用型和食用型之间。若做榨油用,其含油率偏低;若做嗑食用,籽实又小,在国外常用来喂鸟。兼用型向日葵主要用于扒仁,作为植物蛋白质原料。

观赏向日葵

观赏向日葵指主要用于观赏的向日葵类型。植株矮小,枝叶茂密,多分枝、多花盘、花盘小、花色鲜艳,舌状花有黄、橙、乳白、红褐等色,管状花有黄、橙、褐、绿和黑等色。有单瓣和重瓣。花朵硕大,品种繁多，花色丰富，有深红、褐色、铜色、金黄、柠檬黄、乳白等颜色。主要用于插花、切花、盆花、染色花、庭院美化及花境营造等领域。在中国，观赏向日葵消费市场刚刚起步，具有一定的开发潜力。

◆ 价值

向日葵种子含油量高，油质好，是主要油料作物之一，也可直接食用。继大豆、油菜和花生之后，向日葵已成为世界第四大食用一年生油料作物。向日葵油是半干性油，油质优良，气味芳香，除作普通食用油、人造奶油、色拉油外，还供制造油漆、印刷油、润滑油、合成橡胶、肥皂和蜡烛等；油粕营养丰富，含蛋白质 30% ～ 36%，脂肪 8% ～ 11%，糖分 19% ～ 22%，可做糕点馅、酱油、干酪素和味精，也是家禽、家畜的精饲料；脱粒后的葵花盘，含粗蛋白 7% ～ 9%，与燕麦相近，含粗脂肪 6.5% ～ 10.5%，果胶 3%，也是良好的饲料；茎秆可作造纸原料和压制隔音板；皮壳可用以提取活性炭、染料、酒精、糠醛以及制纤维板；茎秆和皮壳的灰分含钾量较高，可作钾肥；向日葵也可作青贮饲料，还是重要的蜜源植物。

向日葵油已经成为北美、俄罗斯及其他东欧国家的主要食用油，东南亚国家的市场需求量也很大。向日葵籽在炒货和籽仁市场中的消费量也非常大，小的向日葵籽在西方国家还用于鸟食和小宠物饲料。

腰　果

腰果是漆树科腰果属的一种常绿热带果树，又称槚如果。原产西印度群岛和巴西东北部，后传至印度和东南亚，之后传至非洲。1943 年引入中国海南岛，20 世纪 50 年代后云南和广东西部也有种植。

腰果是乔木，树高 8 ～ 12 米，树冠开张，冠幅约 8 米左右。单叶互生、革质，长圆形或倒卵形，全缘。雌雄同株，圆锥花序顶生，花小，黄粉红色，杂性（有两性花和单性花）。坚果分为两部分：假果由花托膨大而成；真果着生在花托的顶端，肾形，果仁白色。

腰果性喜高温，对低温敏感，月平均温度为 15℃ 时生长缓慢，3 ～ 5℃ 低温持续数天叶即冻伤。对土壤适应性强。3 ～ 4 月开花，5 ～ 6 月果成熟。主要用种子繁殖，优良品种可用高空压条或嫁接繁殖。定植后 2 年开始结果。

腰果仁约含脂肪 45%，蛋白质 20%，可炒食。腰果壳可榨油作高级油漆，也可作绝缘材料。未成熟果壳含毒素，对皮肤有刺激作用。茎的乳汁可作黏胶剂。肉质花托可鲜食或榨汁作饮料，味酸中带甜，有利尿、治水肿的功效。

锥 栗

锥栗是壳斗科栗属植物，又称尖栗、箭栗、旋栗、棒栗等。

锥栗原产于中国。生于海拔 100 ～ 1800 米的丘陵与山地，常见于落叶或常绿混交林中。锥栗喜光，耐旱，要求排水良好，病虫害少，生长较快。

锥栗为高达 30 米的大乔木，胸径 1.5 米，冬芽长约 5 毫米，小枝暗紫褐色，托叶长 8 ～ 14 毫米。叶长圆形或披针形，长 10 ～ 23 厘米，宽 3 ～ 7 厘米，顶部长渐尖至尾状长尖，新生叶的基部狭楔尖，两侧对称，成长叶的基部圆或宽楔形，一侧偏斜，叶缘裂齿有长 2 ～ 4 毫米的线状长尖，叶背无毛，但嫩叶有黄色鳞腺且在叶脉两侧有疏长毛。开花期叶柄长 1 ～ 1.5 厘米，结果时延长至 2.5 厘米。雄花序长 5 ～ 16 厘米，花簇有花 1 ～ 3（～ 5）朵。每壳斗有雌花 1（偶有 2 或 3）朵，仅 1 花（稀 2 或 3）发育结实，花柱无毛，在下部稀有疏毛。成熟壳斗近圆球形，连刺径 2.5 ～ 4.5 厘米，刺密或稍疏生，长 4 ～ 10 毫米。坚果长 12 ～ 15 毫米，宽 10 ～ 15 毫米，顶部有伏毛。花期 5 ～ 7 月，果期 9 ～ 10 月。

锥栗的果实

　　锥栗是中国重要木本粮食植物之一，果实可制成栗粉或罐头。壳斗木材和树皮含大量鞣质，可提制栲胶。锥栗材质坚实，耐水湿，亦可作为枕木、建筑、造船、家具等的速生优质用材经济树种。

板　栗

　　板栗是壳斗科栗属的植物，又称栗、栗子。

　　板栗原产于中国，分布范围广，北起吉林，南至广东、广西，东起台湾和沿海各省，西至甘肃、四川、贵州、云南等，均有板栗栽培。其中以河北、山东及长江中下游地区栽培最多。板栗生长于海拔 370 ～ 2800 米的地区，已由人工广泛栽培。板栗种仁肥厚，是经济价值很高的干果，营养丰富，有"木本粮食"之称。为国家战略经济林树种。

板栗为落叶乔木。单叶，椭圆或长椭圆状，长 10 ～ 30 厘米，宽 4 ～ 10 厘米，边缘有刺毛状齿。雌雄同株异花，雄花为直立柔荑花序，雌花单独或数朵生于总苞内。坚果包藏在密生尖刺的总苞内，总苞直径为 5 ～ 11 厘米，一个总苞内有 1 ～ 7 个坚果。花期 5 ～ 6 月，果熟期 9 ～ 10 月。板栗适宜的年平均气温为 10.5 ～ 21.7℃，如果温度过高，冬眠不足，就会导致生长发育不良；气温过低，则易使板栗遭受冻害。板栗对土壤酸碱度较为敏感，适宜在 pH5 ～ 6 的微酸性土壤中生长，抗旱怕涝。如果雨量过多，土壤长期积水，极易影响根系尤其是菌根的生长。因此，在低洼易涝地区不宜发展栗园。

繁殖主要采取嫁接育苗，山区丘陵地造林应选择阳坡或半阳坡，坡度 25° 以下最为理想，25° ～ 35° 的斜坡次之。梯田整地，用 1 ～ 2 年生的优质苗木春季或秋季造林，造林密度为 1100 株 / 公顷或 625 株 / 公顷。主栽品种与授粉树按行列式配置，也可栽实生苗，3 年后插皮嫁接。采用疏散分层形或开心形整枝，结果枝组双枝更新。

板栗成熟的标志是栗蓬变成黄褐色，开裂，露出坚果，坚果皮色变为赤褐色或棕褐色。完全成熟的坚果自然落地后，人工采拾。每天早、晚各拾一次，随采拾随贮藏。

板栗种仁用于炒食、菜用、加工糕点、罐头食品等风味极佳。板栗不仅含有大量淀粉，而且含有蛋白质、维生素等多种营养素，素有"干果之王"的美称。栗子可代粮，与枣、柿子并称为"铁杆庄稼""木本粮食"。栗果、叶、壳、刺苞、雄花序、树皮、根均可供药用。板栗木材坚硬、细致、耐水湿，适于造船、地板、桥板之用。

香 榧

香榧是红豆杉科榧属植物榧树中选育出的优良栽培类型。

香榧种子是中国特有的珍贵坚果。香榧原产于浙江会稽山脉，在浙江诸暨、东阳等地已有千余年栽培历史。安徽南部、福建北部、贵州等地亦有少量栽培。全世界榧属植物共 7 种，其中原产于中国的有 4 种。

◆ 形态特征

香榧是乔木。树皮浅黄灰色、深灰色或灰褐色，不规则纵裂。一年生枝绿色无毛，二、三年生枝黄绿色、淡褐黄色或暗绿黄色，稀淡褐色。叶条形，通常直，长 1.1 ～ 2.5 厘米，宽 2.5 ～ 3.5 毫米，先端凸尖，上面光绿色，无隆起的中脉，下面淡绿色，气孔带常与中脉带等宽，绿色边带与气孔带等宽或稍宽。叶两列互生。初生叶三角状鳞形。雄球花圆柱状，长约 8 毫米，基部的苞片有明显的背脊。雄蕊多数，各有 4 个花药，药隔先端宽圆有缺齿。种子椭圆形、卵圆形、倒卵圆形或长椭圆形，长 2 ～ 4.5 厘米，直径 1.5 ～ 2.5 厘米，熟时假种皮淡紫褐色，有白粉，顶端微凸，基部具宿存的苞片，胚乳微皱。4 月开花，种子次年 10 月成熟。

香榧

◆ 生长习性

香榧生长慢而寿命长。童期长，实生树需 10 ～ 15 年才陆续开花结实。雌雄异株，雄球花原基于 6 月初形成，次年 4 月中下旬开花，风媒传粉。雌花芽为混合芽，雌球花原基于 11 月中旬开始分化，次年 4 月中下旬开花。授粉后种实次年 8 月底至 9 月中旬成熟，历时约 17 个月，种子需后熟。因此，每年 5 ～ 9 月在同株树上既能看到当年开花授粉的幼果，又能看到上年形成、当年膨大的"二代果"。香榧雌球花坐果率可达 50% 以上，但因树体营养等因素，落果现象较为严重；每年 5 ～ 6 月的种实膨大期，落果量甚至高达 80% ～ 90%，对产量影响极大。

香榧适宜种植在亚热带地区海拔 1000 米以下湿润、弱光、凉爽的山腰谷地。最适产区降水量丰沛，年平均降水量不小于 1200 毫米，年平均气温 14 ～ 18℃，无霜期不少于 210 天。具有一定耐寒性，能忍受 -15℃ 极端低温。浅根性树种，主根不发达，根系皮层厚，不耐积水，适宜透气排水性好的土壤。

◆ **栽培技术**

香榧主产区位于浙江会稽山脉的诸暨、东阳、绍兴、嵊州一带，种植面积 600 多平方千米，产量约 8000 吨，产值约 15 亿元。由于香榧营养价值高、栽培效益好，在安徽、江西、福建、湖南、湖北、贵州等地均有推广栽培。常见的栽培品种有细榧、象牙榧、珍珠榧等。

香榧主要采用嫁接繁殖，春季 2 月中旬至 3 月下旬采用劈接或切接，秋季 8 月下旬至 10 月中旬采用切接。嫁接后及时遮阴，去除萌蘖条。栽培最适宜海拔为 200 ～ 800 米。土层应疏松肥沃，pH5.0 ～ 6.8。块状或带状整地，大规模开发推荐带状整地。种植穴规格不低于 0.8 米（长）× 0.8 米（宽）× 0.6 米（深）。栽植时选用良种大苗造林，推荐种植密度为 4 米（行距）× 5 米（株距），同时按照有效授粉距离 30 米左右配置雄株。适合 3 ～ 4 主枝开心形,种植前进行整形修剪,修剪下垂、细密、竞争枝。种植当年应遮阴,注意根腐病、绿藻病等病虫害的预防。进入开花期后,以自然授粉为主;遇到阴雨等天气影响雄花散粉时,应人工辅助加强授粉。采用 2+2 容器苗造林,一般 2 ～ 4 年进入始果期,6 ～ 8 年初具一定产量,10 ～ 12 年进入丰产期。经济效益可达百年以上。

◆ 价值

香榧的种子常用于加工炒货或制取高档木本油料,风味独特。种蒲可用于提取精油和制造面膜、眼霜等日化用品。香榧种仁富含角鲨烯等萜类化合物和金松酸等多不饱和脂肪酸,可用于开发功能保健产品。

榛 子

榛子是榛科榛属植物。榛属植物资源丰富,全世界约有 16 种,分布于亚洲、欧洲和北美洲。原产于中国的有平榛、毛榛、川榛、华榛、刺榛、绒苞榛、滇榛、维西榛 8 个种和藏刺榛、短柄川榛 2 个变种。

◆ 野生资源类型

中国野生榛属植物的分布经纬跨度较大,北起黑龙江省呼玛县,南至云南省安宁市,西起西藏的聂拉木县,东达黑龙江省东部宝清县,从东北—华北山区、秦岭和甘肃南部至河南—华中—西南呈斜带状分布,海拔 100 ～ 4000 米都分布有榛属种质资源。在甘肃南部和秦岭沿线,榛属植物种质资源较集中分布在海拔 1000 ～ 3000 米。

在榛属植物资源中,最具有经济利用价值的是平榛和毛榛,其他种类有川榛、华榛、绒苞榛、刺榛、滇榛和维西榛。①平榛和毛榛。主要分布在辽宁、吉林、黑龙江、内蒙古、河北、山东、山西、陕西渭河以北地区、宁夏、甘肃东北部等北方地区，集中分布在大兴安岭、小兴安岭、燕山山脉、太行山脉等地区。在东北三省、内蒙古地区分布在海拔100～1200米，而在太行山区的河北、山西地界则分布在海拔1000米以上。②川榛、华榛、绒苞榛、刺榛。主要分布在黄河、秦岭以南（包括秦岭）到长江以北，包括陕西南部秦岭地区、四川北部、河南、安徽、江苏、湖北西部、甘肃南部。③滇榛和维西榛。主要分布在云南等西南部地区。滇榛主要分布在四川和云南1500米以上的高海拔区；维西榛主要分布在滇西北海拔3000～4000米的深山林地。

中国劳动人民素有采食野生榛子的习惯，通过人工垦复管理可提高产量，如辽宁省铁岭市人工垦复管理的榛林面积有150万亩左右，成为当地经济的重要产业。

退耕还林山地榛子园

◆ 人工栽培品种

中国原产平榛的缺点是果个小、果壳厚、产量低，但平榛具有抗寒、抗旱、耐瘠薄、适应性强的优点。世界上其他国家栽培的基本都是欧洲榛，欧洲榛具有果个大、壳薄、产量高的优点，但不抗寒，适应性差。20世纪80年代，中国科技工作者以平榛作母本、欧洲榛作父本开展了种间杂交工作。经过20年的育种研究，从平榛×欧洲榛种间杂交后代中选出平欧杂种榛优良品种，又称大果榛子。

平欧杂种榛为大灌木或小乔木，树高 3.5 ～ 5 米，6 ～ 7 年进入盛果期。平欧杂种榛适应性强，适于年平均 3.2 ～ 15℃ 的气温范围，土壤 pH5.5 ～ 8.5 均可种植。平欧杂种榛除作为坚果食用外，还可榨油（含油率 60% 左右），生产糖果、饮料、榛子酱、糕点等各类食品。平欧杂种榛的选育成功，使中国榛子产业实现两大转变，一是由野生资源利用向人工园艺化栽培转变，二是由传统的"小零食"向现代化产业转变，从而开启了中国榛子产业快速发展的新阶段。

阿月浑子

阿月浑子是漆树科黄连木属落叶小乔木，俗称开心果。属坚果类果树。

阿月浑子原产于中亚细亚，规模化生产主要集中在美国、伊朗、土耳其、叙利亚、希腊、意大利、澳大利亚、黎巴嫩等国家。中国新疆喀什地区有少量栽培。

◆ 形态特征

阿月浑子成年树高 4 ～ 6 米，枝干萌芽率高而成枝率低。主根极发达，侧根稀少。叶为奇数羽状复叶，小叶 3 ～ 5 片，多倒卵形，革质光亮。芽分为叶芽、雄花

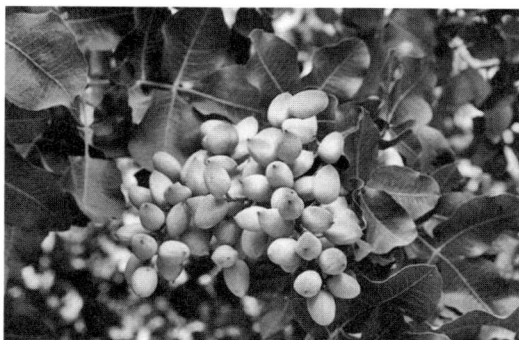

阿月浑子

芽、雌花芽 3 类。花芽多着生于新梢的中、下部，雄花芽大而饱满，雌花芽多呈细圆锥状，叶芽小而细长。实生树雌、雄株比例约为 1 : 1。

成年雌株大小年结实明显。雌、雄花序均属圆锥花序。在新疆喀什地区开花期为 4 月下旬至 5 月初，果实成熟期为 8 月底至 9 月上旬。

◆ 生长习性

阿月浑子抗寒、抗旱、耐贫瘠，喜光性强。夏季高温、干旱有利于种仁发育和增加坚果开裂度。阿月浑子在深厚的壤土或沙壤土上生长良好，地下水位 4 米以上时根系发育不良。新疆阿月浑子生产中除发生根茎腐烂病、螨类之外，尚未发现有其他病虫害。

◆ 栽培方法

阿月浑子多采用嫁接苗培垄栽植，株行距（4～5）米×（5～6）米，雌、雄株配置比例为（10～15）：1。整枝采用自然开心形或主干分层形。提倡滴灌，忌夏季大水漫灌和积水，以免根茎腐烂病发生。秋季施有机肥，生长期叶面追肥，病虫害综合防控。新疆产区果实采收主要采取人工用长杆打落方法，但提倡使用液压式震落机进行果实采收，并及时脱皮干燥。阿月浑子以销售带壳坚果和不带壳种仁为主。

阿月浑子种仁

◆ 价值

阿月浑子种仁含有丰富的脂肪、蛋白质、糖、灰分及多种维生素。种仁味道鲜美，具特有香味，可供鲜食、盐渍和炒食，广泛用于食品工业。

扁 桃

扁桃是蔷薇科李亚科桃属扁桃亚属落叶乔木，又称普通扁桃，别称巴旦木、巴旦杏。属坚果类果树。

扁桃起源于中亚细亚。扁桃亚属约有 40 个种，有 6 个种分布于中国，分别为普通扁桃、矮扁桃（新疆野扁桃）、西康扁桃、蒙古扁桃、长柄扁桃、榆叶梅。其中具有栽培价值的只有普通扁桃，主要分布在新疆天山以南的喀什地区，有 20 多个品种，近 800 平方千米栽培规模。

◆ 形态特征

扁桃树树干及多年生骨干枝的树皮为深褐色，一年生枝皮绿色。枝叶繁茂，根系发达，入土深。叶淡绿色，单生，披针形。花两性，虫媒花，异花授粉。花瓣顶裂，白色或粉红色，花瓣、萼片 5 ～ 6 枚，多体雄蕊（25 ～ 40 枚），单雌蕊，湿型柱头。子房上位，1 个心皮。果实单生，核果，着生在短果柄上。果实形状纵扁，长卵形或椭圆形，顶部钝或尖，成熟时果皮干燥裂开。内果皮（即核壳）具有不同的厚度和硬度，通常内含核仁 1 粒，有时呈双仁，白色，多数味甜。开花后 4 ～ 5 个月成熟。

扁桃

◆ 栽培技术

扁桃适宜栽培的主要生态条件是光照强，降水少，昼夜和年温差大，通透性好的中性沙壤土。较抗寒，落叶迟，在休眠期可忍耐 -22 ～ -18℃ 的低温，但花期低温对授粉受精和果实发育不利。扁桃多采用嫁接苗定植建园，株行距（3 ～ 4）米 ×（5 ～ 6）米，整枝采用疏层形或自然开心形。采用滴灌，秋施有机肥，生长期叶面追肥，病虫害综合防控。产区主要使用长杆敲落采收果实，但提倡使用液压式震落机进行果实采收。

◆ **价值**

扁桃按品种用途分别加工，剥食品种不去壳，其他品种须去壳取仁。果仁用作制糖果、糕点的辅助原料，也可加工成扁桃油、饮料及化妆品等。

扁桃仁

干制果

枣

枣是鼠李科枣属落叶小乔木，又称红枣、中国枣。

枣是枣属植物中栽培最多、最具经济价值的一种，也是中国最具代表性的果树之一，是中国产量最大的干果树种，并与油茶、核桃、板栗、仁用杏一起成为中国五大优势经济林树种。

◆ **栽培历史**

枣树起源于野生酸枣，其最

枣树

早的栽培中心为晋陕黄河峡谷一带。枣与桃、杏、李、栗一起并称为中国古代的五果，是中国最古老的栽培果树之一。中国古代诗歌《诗经·豳风·七月》中有"八月剥枣"的记载，说明枣在中国至少有 3000 年的栽培历史；据河南新密市莪沟北岗新石器时代出土的碳化枣核推测，中国先民至少在 7000 多年前就已经开始采摘和利用枣果，并将其作为珍贵果品。

枣的发展先后经历了引种驯化期（新石器晚期至商朝）、传统产区形成期（周朝至汉朝）、传统生产技术发展期（汉末至北魏）、传统生产技术成熟应用期（北魏末年至中华人民共和国成立）和现代枣业形成发展期（中华人民共和国成立以来）五个阶段。

◆ 分布

枣很早就从中国传入韩国等邻国，约公元 1 世纪经叙利亚传至地中海沿岸和西欧，19 世纪由欧洲传入美洲，进而传入大洋洲、非洲等地。枣树已引种到五大洲的近 50 个国家，并在韩国、伊朗、澳大利亚等地形成商品化栽培。在中国，除黑龙江等极少数地区外，其他各地均有栽培，分布范围在北纬 23° ～ 42.5°、东经 76° ～ 124°，以河北、河南、山西、山东、新疆栽培最多。根据地理、气候、土壤及枣树品种特点等，《中国果树志·枣卷》以淮河、秦岭和年均温 15℃ 等温线为界，把中国枣区划分为南北两大区系。其中，北方栽培区细分为黄河、海河中下游流域冲积土栽培亚区，黄土高原丘陵栽培亚区，西北干旱地带河谷丘陵栽培亚区；南方栽培区细分为江淮河流冲积土栽培亚区，南方丘陵栽培亚区和四川、云南、贵州栽培亚区，其中北方栽培区的枣树面积和产量约占到全国的 95%。

◆ 近缘种与变型

世界枣属植物约有 170 种，中国枣属中最重要的枣树近缘种为毛叶枣（印度枣、中国的台湾青枣）和酸枣（棘、野枣、山枣等），其中毛叶枣为常绿果树，主要栽培于中国海南、广东、台湾、云南、广西等地，以及印度、巴基斯坦、伊朗等国。酸枣为枣树的直系祖先种，主要野生于中国北方的山区，是枣树的主要砧木，已开始栽培化。

在中国，枣树种下还有6个变型，分别为：①龙爪枣。又称龙须枣、龙枣、蟠龙枣。树体矮小，枝扭曲生长。②变色枣。又称胎里红、三变红、三变色、三变丑。新生枝、叶、花和果最初均呈紫红色。③宿萼枣。又称柿蒂枣、柿顶枣、留花枣。果实基部具增大、肉质肥厚或革质化的宿存花萼。④变形枣。又称茶壶枣、五花枣、怪枣。同一株树上果形变化大，果实中下部常具一至多个纵向凸起，凸起的中央有浅沟，形似茶壶，核具棱，结果枝常具次生分枝。⑤葫芦枣。又称磨盘枣、羊奶枣、乳头枣、妈妈枣、坛子枣、缢痕枣。果实中上部具一圈缢缩。⑥无核枣。又称虚心枣。内果皮软膜质、可食。

◆ 形态特征

枣树树干和老枝灰色或深灰色，树皮条裂、片裂或龟裂。自然生长的树冠多卵圆形或圆头形。根系由水平根和垂直根组成，水平根较发达、且易萌发根蘖，垂直根进而深达数米。枝系结构和生长方式独特，基本枝系称为枣头，上有四枝两芽。枣头一次枝（发育枝、延长枝）呈之字形弯曲，节部有两个通常向后弯曲的托叶刺，主芽着生在各个节部，可发育成新枣头或枣股；枣头一次枝随着生长，在其各节部主芽上方形成副芽（为早熟性芽）并萌发成之字形弯曲的枣头二次枝（结果基枝），节部的两个托叶刺一个细长前伸、一个短粗后弯；枣头二次枝各节部的主芽形成枣股（结果母枝），为极度短缩性枝条；枣股的副芽及一年生枣头二次枝上的副芽萌发后形成枣吊（结果枝），因细弱、结果后下垂得名。叶片光滑，卵圆至卵状披针形，基生三出脉。花小，生于叶腋，多成二歧聚伞花序。拟核果，属于非典型的核果，其花托和密盘参与果实构建、发育成果实基部的一部分。果形多样，圆形、长圆形、扁圆形、柱形、卵形、倒卵形等，外果皮红色至紫红色，中果皮厚、肉质、味甜，内果皮发育成硬核，核多为纺锤形。无种仁或有 1～2 个种仁。

枣的果实

◆ 植物学特征

枣树具有独特的植物学特征，主要表现为四个方面。①枣树具有果树甚至木本植物上罕见的"落枝归根"和"自我修剪枝条体系"。在枣树的 4 种枝条中，只有枣头一次枝的顶芽可以正常延长生长，形成新的枣头（包括一次枝、二次枝、枣股和枣吊），扩大树冠；枣头二次枝在发生的当年顶端自然枯死，以后不再延长生长；枣股极度短缩，年生长量只有 1 毫米左右；枣吊则与叶片一起在秋后自然脱落。由于成枝力弱、枝叶稀疏，加之成花和结果容易，使得枣树的整形修剪相对简单，并且较一般果树更适合与多种粮油作物长期间作。②枣树花芽分化速度极快、花期持续时间很长。枣树是花芽分化速度最快的果树之一，其花芽是在开花的当年进行分化，而且一年中可以随着新生枣吊的出现和生长不断分化新的花芽和花序，单花的分化时间只有 1 周左右，全树的花芽分化期可以持续 2 ～ 3 个月。由于当年形成的花芽陆续开放，使得枣树的开花期也长达 2 ～ 3 个月。③枣树的童期极短、早果速丰、生命周期很长。枣树如果栽培管理得当，栽后或嫁接当年即可开花结果，故俗语有"桃三杏四梨五年，枣树当年就还钱"的说法。枣树的花芽分化特点还决定了其成花容易、早果速丰、稳产性强，在新疆南疆高密度条件下，利用酸枣仁直播就地嫁接建园，当年就可实现产鲜枣达 5000 ～ 8000 千克 / 公顷。此外，枣树的隐芽寿命很长，自我更新能力极强，经济寿命可达 1000 年以上，在山东庆云、陕西清涧、山西五台等地，上千年的古枣树仍能正常开花结果。④枣树抗逆性强，适生区域广泛。枣树的气候和土壤适应性均很强，自古被称为"铁杆庄稼"。枣树的抗旱性尤为突出，其根系深广、吸水能力强，枝疏叶小，枝叶厚被蜡质、蒸腾少、保水能力强，在干旱条件下能正常生长结果。枣树的耐盐碱、耐瘠薄和抗风沙能力也很强。

◆ **分类与分布**

枣树的栽培品种资源极为丰富，中国约有 900 个。枣的品种分类方法多样，按地理分布（年平均温度 15℃ 等温线为界），可分为南枣和北枣两大系统；按枣的大小，可分为大枣、小枣；按枣果形状，可分为长枣、圆枣、扁圆枣和葫芦枣等；按枣的用途，可分为制干、鲜食、蜜枣、兼用枣及观赏枣五类；按成熟期，可分为极早熟、早熟、中熟、晚熟和极晚熟五类。中国起主导作用的传统主栽品种，主要有主产于河北和山东交界环渤海黄河故道盐碱区的金丝小枣、主产于河北太行山旱薄山区的婆枣和赞皇大枣、主产于山西和陕西黄河峡谷两岸黄土高原的中阳木枣、主产于河南中部和东北部平原黄河故道区的扁核酸、主产于山东中南部山区的长红枣、主产于山东西北部和河北西南部平原黄河故道区的圆铃枣、主产于新疆和河南的灰枣、主产于新疆和山西的壶瓶枣（骏枣）、主产于河北沧州和山东滨州环渤海黄河故道盐碱区的冬枣。其中前九种枣均为制干或兼用品种，最后一种枣为鲜食品种，其产量之和占全国总产量的 80% 以上。育成并得到规模化发展的新品种主要有"金丝 4 号""月光""曙光""七月鲜""临黄 1 号"等。

◆ 繁殖方法

枣树的繁殖方式多样。传统上主要利用其易产生根蘖的习性，采用分株和基于分株的归圃育苗方法。新发展的方法有绿枝扦插、硬枝扦插、组织培养等，生产上用得最多的是嫁接法。嫁接最常用的砧木是酸枣，也可用本砧，在南方还可用铜钱树为砧木。

◆ 病虫害

枣树有记录的病虫害种类达 100 多种，其中发生普遍、危害严重的病害主要有枣疯病、裂果、缩果病、枣锈病，害虫主要有桃小食心虫、绿盲椿象、红蜘蛛、枣步曲、枣黏虫、日本龟蜡蚧、黄刺蛾等。

◆ 采收

枣果的采收因果实用途不同，可分为白熟、半红、脆熟和完熟 4 个时期。其中白熟期采收适于加工蜜枣，半红期采收适于鲜食品种长期贮藏保鲜，脆熟期采收适于短期销售的鲜食枣及加工南枣和乌枣等，完熟期采收适于制干。用于加工和制干的枣果可采用乙烯利催落、人工摇落或机械振落采收，鲜食用的枣果须人工采摘。

◆ 价值

枣具有很高的营养、食用、医疗、生态、观赏、文化和基因价值。①营养价值。枣果富含糖、维生素 C、环核苷酸、黄铜、三萜酸、脯氨酸、钾、钙、铁、锌等营养成分。②食用价值。枣果除鲜食和制干外，还可加工成蜜枣、乌枣、南枣、醉枣、罐头、枣泥、枣酱、枣粉、枣汁、枣片、枣茶、枣酒、滋补精、烟用香精、食用红色素，以及膳食纤维、多糖和环核苷酸糖浆等众多的功能性食品。③医疗价值。得益于其丰富的营养和独特的功能成分，枣果是中国传统滋补佳品、本草上品、常用中药和中国首批药食同源果品。现代中医认为，枣能健脾和胃、养心安神、活血调经、消炎止血、生津止泻、调和药性，适用于脾胃虚弱、气虚不足、倦怠乏力及癌症、失眠、心悸、盗汗、肠炎、痢疾、血小板减少性紫癜、崩漏、外伤出血、月经不调、白带、体虚感冒、脏躁症等。除枣果外，枣树皮、花、核甚至枣刺均可入药。④生态价值。枣树有极强的气候和土壤适应性，是果树上山下滩的先锋树种和理想的生态经济兼用树种，中国现有的各大枣区均在山、沙、碱、旱或土壤贫瘠地区。在各种果树中，枣树萌芽最晚，落叶最早，加之根稀叶疏，与主要粮油作物物候期交错，适宜与小麦、谷子和花生等作物长期间作，可实现枣粮（油）双丰收，兼顾经济效益、生态效益和社会效益。枣粮间作被公认为农林复合经营高效利用土地资源的成功典范。⑤观赏价值。在枣树的五大类品种中，有专门的观赏品种类，如以观树形为主的龙爪枣，以观颜色为主的胎里红、三变色，以观果为主的茶壶枣、磨盘枣、葫芦枣、柿蒂枣、辣椒枣、牛奶枣等。⑥文化价值。多数枣品种的成熟期恰逢中国中秋节和国庆节两个重大节日，适于休闲观光采摘。枣树有很高的文化价值，枣的红色厚重深沉，被专门定义为"枣红色"，为典型的"中国红"颜色，寓意吉祥，红红火火。加之"枣"与"早"谐音，婚庆时常以大枣、花生、栗子相陪，寓意"早生贵子"，婚姻美满。中国几乎所有的主要传统节日中，枣都是不可或缺的节庆食品，如春节吃带枣的年糕，元宵节吃枣泥馅的元宵，端午节吃枣粽子，中秋节吃鲜红枣和枣泥月饼等。古今华人写枣、诵枣、唱枣、画枣，传承至今已形成极其丰厚的枣文化积淀，枣文化已经成为中华文化的一个重要组成部分。⑦基因价值。枣树拥有独特的抗干旱、耐瘠薄、耐盐碱、高营养、短童期、长寿命、易成花及自修剪等方面的优异基因。深入发掘这些优异基因资源，对枣树的遗传改良、其他果树的基因工程改造及研究植物的系统进化等，具有十分重要的学术价值和广阔应用前景。

毛叶枣

　　毛叶枣是鼠李科枣属热带亚热带常绿果树，又称印度枣、滇西枣、西西果、台湾青枣。因其叶背有茸毛，故称毛叶枣。

　　毛叶枣主要分布在印度、泰国、缅甸、越南及中国台湾地区。20世纪80年代在中国广东、海南等地引种试种，之后在华南、西南地区推广种植。毛叶枣早产丰产，营养丰富，加工方式多样，具有较广阔的发展前景。

◆ 形态特征

毛叶枣实生树根系发达,主干明显,树冠为自然开心形。叶为单叶互生呈椭圆形或长椭圆形,叶背生灰白色茸毛。花为腋生聚伞花序,两性花。果为核果,果皮绿色,果肉乳白色。

毛叶枣

◆ 主要类型

毛叶枣按出产地可分为印度品种群、中国台湾品种群和缅甸品种群3个品种群。其中,印度品种

毛叶枣的果实

有100多个;中国台湾品种有20多个,如"高朗一号""新世纪""中叶种""蜜枣""春蜜"等较优品种;缅甸品种群主要为缅甸长果种和缅甸圆果种两个类型,其品质较差,适合作砧木。

◆ 栽培与管理

毛叶枣对土壤的要求不严,但以排水透气好、土层厚、疏松和肥沃的土壤为好。最适宜定植的时期是3～5月,定植密度为每亩33株,株行距4米×5米。山地定植可每亩45株,株行距3.5米×4米。

为提高产量,增加单果重和改善果实品质,栽培时应注意以下几点:

①苗木定植前消毒。②栽培上配置授粉树。③新梢生长期和花期摘心。④两年生以上植株修剪荫蔽枝、重叠枝并搭架，每年主干回缩更新一次。⑤根据留优去劣原则疏花疏果。⑥注意肥水管理。⑦在病虫害防治后，要进行单果套袋。

◆ **病虫害**

毛叶枣的主要病虫害为白粉病、叶斑病、螨类、介壳虫、毒蛾等。

◆ **新业态**

毛叶枣属于热带亚热带果树，在中国北方较少种植，因此北方地区通过设施大棚种植毛叶枣，可吸引游客观光采摘，将传统种植业与旅游业结合，以提高毛叶枣的附加值，有力促进毛叶枣产业的发展。

沙　枣

沙枣是胡颓子科胡颓子属一种。是中国北方地区经济价值较高的防护林树种，也是中国西北地区沙地造林的先锋树种。

◆ **名称来源**

沙枣这一名称由瑞典植物学家 C.von 林奈于 1753 年命名。种加词 *angustifolia*，意思是狭长叶子。

◆ **分布**

沙枣主要分布于中国西北各省区和内蒙古西部，少量至华北北部、东北西部，大致为北纬 34° 以北地区，天然林集中在新疆塔里木河、马纳斯河，甘肃疏勒河，内蒙古额济纳河两岸。中国山西、河北、辽宁、黑龙江、山东、河南等省有引种栽培。地中海沿岸、亚洲西部、俄罗斯和印度也有分布。

◆ **形态特征**

沙枣是落叶乔木或灌木，高 5 ～ 12 米，无刺或具刺；幼枝密被银白色鳞片。叶薄纸质，矩圆至线状披针形，长 2 ～ 10 厘米，宽 1 ～ 4 厘米，全缘，叶子两面具白或银白鳞片，成熟后部分脱落；叶柄长 5 ～ 10 毫米。花银白色，芳香；萼筒钟形，4 裂；无花瓣。果实椭圆形，长 9 ～ 12 毫米，直径 6 ～ 10 毫米，粉红色，密被银白鳞片；果肉乳白色，粉质；果梗短，粗壮，长 3 ～ 6 毫米。花期 5 ～ 6 月，果期 9 月。

◆ **生长习性**

沙枣具有耐旱、耐寒、耐盐等特性。栽培区年降水量 120 ～ 500 毫米，蒸发量 1700 ～ 2500 毫米，年均气温 6.8 ～ 8.4℃，极端低温 -36.5℃，极端高温 39.7℃，无霜期 130 ～ 177 天，≥ 5℃年积温 3176.6℃·日。能适应温带荒漠地、沙壤土和滨海盐渍土等土壤。在土壤含盐量为 0.8% ～ 1.2% 时仍然能够正常生长、开花、结果。根系具固土作用；具根瘤，可固氮；凋落物可增加土壤有机质，改善盐碱地土壤理化性质，提高盐碱地肥力；对地下水位高的重盐碱地具有生物排水作用，增加盐碱地上植被盖度；还可调节林内温度，改善生态环境。

◆ **培育技术**

沙枣的培育方式有播种育苗或扦插育苗。造林密度 1667 ～ 5000 株 / 公顷。从 20 世纪 50 年代开始广泛种植。仅西北五省区沙枣林面积就超过 13 万公顷，甘肃河西走廊有人工林 2.68 万公顷，"四旁"树 130 万株。种质资源相当丰富，甘肃省治沙研究所将甘肃省的沙枣品种资源划分为

4个类群、20多个品种。其中4个类群分别为：①离核类沙枣群。果肉与核易分离，果核上很少黏有果肉，如红皮离核和红皮圆沙枣等品种。②黏核类大沙枣群。果长20毫米以上，果千粒质量1000克左右，味甜，如红吊坠和张掖白沙枣等品种。③普通甜沙枣。如红油糕、二不伦和红圆弹沙枣等品种。④普通酸涩沙枣。如八卦、喇嘛皮、涩二不伦沙枣等品种。

◆ **价值**

沙枣营养成分丰富，果肉含可溶性糖33.5%、游离氨基酸3.0%、果胶2.7%、蛋白质5.5%、维生素C 0.55%；含有17种氨基酸，少量的磷、钙、铁、锌、锰、烟酸、硫胺素等。果可鲜食，果肉可制糖、酿酒、制醋、发酵谷氨酸、生产饮料、作饲料等。淀粉可做馒头、烙饼、面条，还可做糕点、果酱、酱油等。花可养蜂产蜜、制造花露酒、生产花浸膏。药用价值高，花、果、枝、叶和树皮都可入药。根和地上部分含有哈尔满、哈尔醇、哈尔明碱等。叶含有咖啡酸、绿原酸、新绿原酸、维生素C和黄酮类化合物。果实胶质和鞣质具抗炎作用，能抑制小肠的运动功能。叶片提取物对慢性气管炎、腹泻和菌痢、冠心病、烧伤创面有一定疗效。果肉原花青素有较好的抗脂氧化能力。沙枣多糖对呼吸道的合胞病毒有抑制作用。

椰 枣

椰枣是棕榈科刺葵属乔木状植物，又称波斯枣、番枣、伊拉克枣。椰枣原产地大约在北非的沙漠绿洲或亚洲西南部的波斯湾周围地区。南美、南亚各国及澳大利亚都有引种。唐代传入中国，福建、广东、广西、云南、新疆等地有引种栽培。因外观像椰子树、果实像枣而得名。

椰枣树高达35米，茎部具宿存的叶柄基，上部叶斜升，下部叶下垂，形成一个较稀疏的头状树冠。叶长达6米。果实为浆果，长圆形或长圆状椭圆形，似枣子，长3.5～7厘米，成熟时深橙黄色，果肉肥厚。树龄可达百年，具有耐旱、耐碱、耐热且喜欢潮湿的特点。

椰枣营养丰富，含有对人体有用的多种维生素和天然糖分，例如富含果糖，果糖血糖生成指数最低，因此可供糖尿病患者适量食用。椰枣里面浸出的糖汁经过凝结可作为调料，常用于煮肉，甜而不腻。椰枣性甘、温、无毒，《本草纲目》称无漏子，有补中益气，止咳润肺、化痰平喘的功效。椰枣果肉味甜，既可作粮食和果品，又是制糖、酿酒的原料，可以制成各种糖果、高级糖浆、饼干和菜肴，以及制醋和酒精。椰枣树树形美观，常作观赏植物；树干可作建筑材料，用来建造农舍、桥梁；枝条可以制作椅子、睡床，以及装运水果、蔬菜、鸡鸭、鱼虾和筐子；叶子可以用来编席子、捆扫帚、制托盘等，还可作燃料；枣核可作饲料。

收获的椰枣

第2章 烘焙类

面 包

面包是以面粉、酵母和水为主要原料，配以各种辅料调制成面团，经发酵、烤制而成的食品。面包的表面多呈棕黄色，瓤部呈有弹性的多孔海绵状组织。

面包按软硬度可分为硬式面包和软式面包：①硬式面包。如法国面包、荷兰面包、维也纳面包、英国面包，以及俄式塞义克、大列巴等面包。②软式面包。如大部分亚洲和美洲国家生产的面包以及汉堡包、热狗、三明治等。中国生产的大多数面包属软式面包，其品质要求为表面色泽金黄或棕黄，光滑清洁，形状大小一致，有香气，横剖面气孔细密均匀，富有弹性，口感松软且有新鲜感，不黏，不酸等。软式面包的制造工艺主要有快速发酵法、一次发酵法和二次发酵法等。二次发酵法生产的面包具有体积大、柔软、气泡细密、风味好、变陈速度慢、酵母用量少等优点，但所需设备、厂房、劳动力较多，生产周期较长。

面包长期以来是很多西方国家人们的主食。面包入口接受性好，冷热均可食用，制作过程中经发酵产生了一定量的发酵产物，加上多孔状的组织，摄食后消化吸收率高，营养丰富。

冷冻面团法能让消费者随时吃到新鲜面包。生产企业将已发酵好的面团冷冻作为半成品，消费者将冷冻面团经解冻、醒发后烘烤，即可得到新鲜的面包。

蛋　糕

蛋糕是以面粉和高比例的蛋、糖为基本原料制成的含水量较高、质地柔软的糕点。

蛋糕根据其使用的原料、调混方法和面糊性质分为三大类。①面糊类。配方中油脂用量高达面粉的 60% 以上，用以润滑面糊，使产生柔软的组织，并帮助面糊在搅混过程中融合大量空气产生蓬松作用。一般奶油蛋糕、布丁蛋糕属于此类。②乳沫类。配方特点是不含任何固体油脂，利用蛋液中蛋白质的发泡作用，在面糊搅打和焙烤过程中使蛋糕蓬松。③戚风类。将蛋白和蛋黄分开，先用蛋白与部分糖搅打成泡沫体，蛋黄与其他原料搅匀后，搅入泡沫体烘烤而成。特点是口感特别松软，适合做裱花蛋糕的底坯。

蛋糕所用原料包括面粉、甜味剂（通常为蔗糖）、黏合剂（一般为鸡蛋，素食主义者可用面筋和淀粉代替）、起酥油（一般为牛油或人造牛油，低脂肪含量的蛋糕会以浓缩果汁代替）、液体（牛奶，水或果汁）、香精和发酵剂（如酵母或者发酵粉）等。

蛋糕制作的关键工序是面糊搅打和焙烤。①面糊搅打。产品种类不同，其投料次序、搅打速度和时间都不同。总的要求是各个配料成分分散均匀，力求向面糊中搅入较多量的空气，并尽量限制面筋的溶胀，以保证产品组织疏松、质地柔软。②焙烤。需在焙烤过程中获得应有的体积和色泽，一般糖、油比重大，温度低，焙烤时间长。

为适应家庭自制随烤随吃蛋糕的需求，国际市场上出现了预混合蛋糕粉一类的商品，使用时只要在这种粉料中加入一定量的水或鲜蛋，稍加混合搅打，入炉经短时焙烤即得成品。

泡 芙

泡芙是以水或牛奶加黄油煮沸后烫制面粉，再搅入鸡蛋，通过挤糊、烘烤、填馅料等工艺制成的一类点心，又译卜乎，又称空心饼、气鼓、哈斗等。

16世纪意大利厨师波普兰发明了一种新甜品，被认为是泡芙的雏形。直到18世纪，经过一位叫Avice的糕点师的继续创造，泡芙才有了更接近今天的形态。相传在幕府时期（1192～1867），泡芙的配方被带到日本，日本当地的和果子匠人根据日本人的口味对泡芙进行了改良，才有了我们所熟知的泡芙。

按照馅料的不同，泡芙可以分为奶油泡芙、酸奶泡芙、水果泡芙、巧克力泡芙等，其风味主要由馅料决定。

泡芙的制作材料主要分为外壳材料和填充材料，其中外壳材料包括面粉、无盐黄油、水、盐、砂糖、鸡蛋，填充材料包括面粉、砂糖、蛋黄、牛奶、奶油香精、鲜奶油、酸奶、水果、巧克力等。

以奶油泡芙为例，泡芙皮的生产工艺流程可简化为：牛奶＋清水＋黄油＋盐煮沸→加低筋面粉搅拌→冷却→加入鸡蛋液→搅拌煮成熟面糊→挤出面糊→烘烤→冷却→泡芙皮。之后在制作好的泡芙皮底部戳一个小洞，将打发好的鲜奶油挤入泡芙中，筛上糖粉即可。注意烤箱需提前预热，开始时可用较高温度烘烤，待泡芙定型后可调至180℃，中途不能打开烤箱，避免空气进入导致泡芙皮皱缩、塌陷。

泡芙具有外脆内软、外形美观、中空等特点。营养丰富，原料中鸡蛋含有丰富的蛋白质和磷脂；牛奶含有丰富的蛋白质和钙，还含有多种维生素和矿物质；黄油含有大量脂肪，且维生素 A、D 含量丰富。

蛋　卷

蛋卷是以小麦粉、糖、鸡蛋为主要原料，经调浆、浇注或挂浆、烘烤后卷制而成的松脆食品。

制作蛋卷的原料为面粉、鸡蛋、低筋小麦粉（面筋含量21%～26%）、砂糖、油脂、淀粉、膨松剂、改良剂等（不同形式的蛋卷原料有所差异）。

蛋卷的手工制作方法：①全蛋液加入白糖混合均匀。②混合均匀后的全蛋液倒入过筛后的低筋小麦粉，搅拌均匀成面糊。③黄油切小块隔水融化，冷却后倒入面糊中。④倒入少许熟芝麻，搅拌成稀糊状。⑤倒入预热过的蛋卷模中，进行烘烤。⑥压成圆片，用筷子卷成蛋卷。工业化生产可加入膨松剂、改良剂及其他辅料，制作工艺与手工制作方法基本一致。

饼　干

饼干是以小麦粉（或糯米粉）为主要原料，加入（或不加入）糖、油脂及其他辅料，经调粉、成形、烘烤制成的水分低于 7% 的松脆食品。

饼干能较长时间保存，食用和销售方便。常见的饼干的生产工艺流程依次为：原材料的处理、面团调制、成形（辊切或辊印）烘烤、冷却、包装。

饼干类产品按加工工艺的不同可分为 12 种：①酥性饼干。经冷粉工艺调粉后成形。制品的造型多为凸花，断面结构呈多孔组织，口感酥松。②韧性饼干。经热粉工艺调粉后成形。制品的造型多为凹花，外观光滑、平整，一般有针眼，断面结构层次分明，口感松脆。③发酵饼干。以酵母为疏松剂经热粉工艺调粉，发酵后成形。制品酥松或松脆，有发酵制品特有的香味。④压缩饼干。经冷粉工艺调粉、辊印、烘烤后，粉碎、外拌、压缩成形。制品结构硬实，以特殊的包装形式包装，多以军需品形式出现。⑤曲奇饼干。糖、油脂丰富，经调粉，采用挤注成形，或可采用挤条、钢丝切割或辊印形式成形。制品花纹具有立体感，口感酥松。⑥夹心饼干。在两个饼干单片之间添加各种夹心料。制品属各类饼干花色。⑦威化饼干。经调浆、浇注、焙烤制成断面结构呈多孔状的饼片，在饼片之间添加各种夹心料。制品呈两层或多层夹心饼干，口感酥松，口味纯正。⑧蛋圆饼干。经调浆，挤注成圆形。制品呈蛋黄色，口感酥松。⑨蛋卷。经调浆（发酵或不发酵）浇注或挂浆焙烤后卷制。制品蛋黄色，松脆，蛋香味浓郁。⑩装饰饼干。在饼干表面裱粘糖花或涂布巧克力酱等。制品属饼干花色品种。⑪水泡饼干。经调粉、成形后，沸水烫漂及冷水浸泡制成。制品有浓郁的蛋香味。⑫其他饼干。如米饼等。

韧性饼干

韧性饼干是以小麦粉、糖、油脂为主要原料，加入疏松剂、改良剂与其他辅料，经热粉工艺调粉、辊压、辊切或冲印、烘烤制成的饼干，又称硬质饼干。

韧性饼干可分为普通型韧性饼干、冲泡型韧性饼干（易吸水膨胀）和可可型韧性饼干（添加可可粉原料），如牛奶饼干、香草饼干、蛋味饼干、玛利饼干等。

韧性饼干面团调制有别于酥性饼干。通过搅拌、撕拉、揉捏等处理，使原料充分混合，并使面团的各种物理特性（弹性、软硬度、可塑性）等都得到改善。需控制好温度和静置时间，在第一阶段使面粉吸水，第二阶段使已经形成的面筋在搅拌机的搅拌下不断弱化，使其弹性降低，以保证饼坯顺利成型，且烘烤后不变形。

韧性饼干的质量要求包括：①外形完整，花纹清晰或无花纹，一般有针孔，厚薄基本均匀，不收缩，不变形，无裂痕，可以有均匀泡点，特殊加工品种表面或中间允许有可食颗粒存在（如椰蓉、芝麻、砂糖、巧克力、燕麦等）。②呈棕黄色、金黄色或品种应有的色泽，色泽基本均匀，表面有光泽，无白粉，不应有过焦、过白的现象。③具有品种应有的香味，无异味，口感松脆细腻，不粘牙。④断面结构有层次或呈多孔状。⑤10克冲泡型韧性饼干在50毫升70℃温开水中应充分吸水，用小勺搅拌后应呈糊状。⑥普通型韧性饼干的水分不大于4.0%，碱度（以碳酸钠计）不大于0.4%；冲泡型韧性饼干的水分不大于6.5%，碱度（以碳酸钠计）不大于0.4%；可可型的水分不大于4.0%，pH不大于8.8。

韧性饼干的特点是印模造型多为凹花，表面有针眼。制品表面平整光滑，断面结构有层次，耐嚼、松脆为其特色。韧性饼干的糖和油脂的配较酥性饼干低，口感较酥性饼干硬。

酥性饼干

酥性饼干是以小麦粉、糖、油脂为主要原料，加入膨松剂和其他辅料，经调粉、辊压（或不辊压）、成型、烘烤制成的口感酥松或松脆的饼干。

常见的酥性饼干有奶油饼干、葱香饼干、芝麻饼干等。配方中油、糖比例高于韧性饼干，每百份小麦粉配油脂32份、糖45份，属于中档配料的甜饼干。

酥性饼干面团调制采取冷粉工艺，即将糖、油等各种辅料加水充分搅拌均匀，然后再投入面粉、淀粉等原料调制成半软性面团。面团要求弹性小，可塑性大。含油量较高的饼干采用辊印成型，含油量较低的采用冲印成型。烘烤采用隧道式平炉。含油量较高的品种，进炉的底火、面火温度均较高（300℃左右），以利于产品定型，避免发生油摊（表面积呈规则形膨大）；油脂含量低的品种，进炉面火小而底火大，以利其体积膨大而在表面迅速形成硬壳。出炉时表面温度可达 180℃，中心温度约 110℃，需冷却到 38 ～ 40℃ 进行包装。

酥性饼干的质量要求主要包括：①外形完整，花纹清晰，厚薄基本均匀，不收缩，不变形，不起泡，无裂痕，表面无针孔。特殊加工品种表面或中间允许有可食颗粒（如椰蓉、芝麻、砂糖、巧克力、燕麦等的）存在。②呈棕黄色或金黄色或品种应有的色泽，色泽基本均匀，表面略带光泽，无白粉，不应有过焦、过白现象。③具有品种应有的香味，无异味，口感酥松或松脆，不粘牙。④断面结构呈多孔状，细密，无大孔洞。⑤水分不大于 4.0%，碱度（以碳酸钠计）不大于 0.4%。

酥性饼干表面花纹特别清晰，味道香甜，通常作为点心食用。

苏打饼干

苏打饼干是以小麦粉、苏打粉、黄油等为原料，经发酵制成的发酵性饼干。

苏打饼干面团的调制和发酵一般采用两次搅拌和两次发酵的方法。面团的第一次搅拌与发酵：将配方中面粉的 40% ～ 50% 与活化的酵母溶液混合，加入温水搅拌 4 ～ 5 分钟；然后在相对湿度 75% ～ 80%、温度 26 ～ 28℃ 下发酵 4 ～ 8 小时。发酵时间的长短因面粉筋力、饼干风味和性状的不同而异。通过第一次较长时间的发酵，使酵母在面团内充分繁殖，以增加第二次面团发酵潜力，同时酵母的代谢产物酒精可使面筋溶解和变性，以在二次发酵后使面团的弹性降至理想程度。

面团的第二次搅拌与发酵：将第一次发酵成熟的面团与剩余的面粉、油脂和其他辅料加入搅拌机中进行第二次搅拌。搅拌过程中缓慢撒入化学疏松剂苏打，使面团的pH达7.1或稍高为止。碱性条件有利于面团筋性的进一步降低。第二次搅拌是影响产品质量的关键，要求面团柔软，以便辊轧操作。搅拌时间一般为4～5分钟，使面团弹性适中，可用手较易拉断为止。第二次发酵又称后续发酵，主要是利用发酵进一步降低面筋的弹性，并尽可能地使面团结构疏松。一般在28～30℃，发酵3～4小时。

苏打饼干的质量要求主要包括以下几点：①外形完整，厚薄大致均匀，表面有较均匀的起泡点，无裂缝，不收缩，不变形，不应有凹底。特殊加工品种表面允许有工艺要求添加的原料颗粒（如果仁、芝麻、砂糖、食盐、巧克力、椰丝、蔬菜等）存在。②呈浅黄色、谷黄色或品种应有的色泽，饼边及泡点允许褐黄色，色泽基本均匀，表面略有光泽，无白粉，不应有过焦的现象。③咸味或甜味适中，具有发酵制品应有的香味及品种特有的香味，无异味，口感酥松或松脆，不粘牙。④断面结构层次分明或呈多孔状。⑤水分不大于5.0%，酸度（以乳酸计）不大于0.4%。

苏打饼干利用发酵产生二氧化碳的膨胀作用，加上油酥的起酥效果，烘烤时可形成特别酥松的、具有清晰层次的结构。具有酵母发酵食品固有的香味。含糖量极少，呈乳白色略带微黄色泽，口感松脆。含有碳酸氢钠，可以平衡人体酸碱度。

薄脆饼干

薄脆饼干是以小麦粉、糖、油脂为主要原料，加入调味品等辅料，经调粉、成型、烘烤制成的薄而脆的焙烤食品。包括芝麻薄饼、香葱薄饼、海鲜薄饼、鲜椰汁薄饼、鲜奶特脆饼干、葱油特脆饼干、椰香特脆饼干、蛋奶特脆饼干等。也可以分为咸薄脆饼干和甜薄脆饼干。

薄脆饼干的一般制作过程为：第一次调制面团→发酵→第二次调制面团→静置面片压延→成型→烘焙→喷油→冷却→包装。

薄脆饼干应达到以下质量要求：外形完整，厚薄均匀（饼干厚度要求≤0.45毫米），无裂缝，不收缩，不变形；呈金黄色或棕褐色，不得有过焦过白现象；咸甜适中，具有该品种特有的香味，无异味，口感松脆，不粘牙；断面结构有层次或呈多孔状。

曲奇饼干

曲奇饼干是以小麦粉、糖、糖浆、油脂、乳制品等为主要原料，加入膨松剂及其他辅料，经调粉、成型、烘烤制成的具有立体花纹或表面有规则波纹的含油脂高的饼干，又称拉花饼干、挤花饼干。

根据原料添加物的不同，可将曲奇饼干分为：普通型、花色型（在面团中加入椰丝、果仁、巧克力碎粒或不同谷物，以及葡萄干等糖渍果脯的曲奇饼干）、可可型（添加可可粉原料的曲奇饼干）和软型（添加糖浆原料、口感松软的曲奇饼干）4种类型。

曲奇饼干生产工艺比较简单，采用冷粉工艺调粉，采用挤注、挤条、钢丝切割或辊印方法成型，可用拉花机械批量生产，少量生产也可用三角布袋手工挤注成型。

曲奇饼干结构比较紧密，但质地柔软，有浮雕花形、贝壳形、长条形等多种形状，口感酥松、入口酥化。曲奇饼干应达到以下质量要求：①外形完整，花纹或波纹清楚。同一造型大小基本均匀，饼体摊散适度，无连边。花色型曲奇饼干添加的辅料应颗粒大小基本均匀。②表面呈金黄色、棕黄色或品种应有的色泽。色泽基本均匀，花纹与饼体边缘允许有较深的颜色，但不应有过焦、过白的现象。花色型曲奇饼干允许有添加辅料的色泽。③有明显奶香味及品种特有的香味，无异味，口感酥松或松软。④断面结构呈细密的多孔状，花色型曲奇饼干应具有品种添加辅料的颗粒。⑤普通型和花色型的水分不大于4.0%，碱度（以碳酸钠计）不大于0.3%，脂肪不小于16.0%；可可型的水分不大于4.0%，pH不大于8.8，脂肪不小于16.0%；软型的水分不大于9.0%，pH不大于8.8，脂肪不小于16.0%。

夹心饼干

夹心饼干是在两块饼干之间添加以糖、油脂或果酱为主要原料的夹心料的焙烤食品。

夹心饼干一般根据夹心料的不同来分类，种类多样。夹心饼干除具有焙烤制品的特有风味外，还具有甜香酥松、细腻爽口、营养丰富等特点，深受消费者欢迎，尤为儿童们所喜爱。

饼干及夹心料的质量要求包括饼干、油脂、糖粉、维生素等方面。

①饼干。夹心饼干所使用的饼干，生产工艺与一般甜饼干相同。除符合规定的理化指标外，还需要形态平正、片形薄、形状规则、口味突出。②油脂。夹心原料中的油脂应具有熔点较高、可直接食用、色泽良好、风味优良、较稳定等特点。③糖粉。糖粉的作用是增加甜度。夹心浆料的细腻程度主要取决于糖粉的细度，糖粉细度越高口感越细腻，反之将产生粗糙感。糖粉细度高还有助于浆料混合均匀。④维生素。夹心浆料中添加维生素是夹心饼干的特色之一。绝大多数维生素在高温下受热分解，营养遭到破坏，这一特性限制了其在饼干中的使用。夹心饼干中夹心料不再经高温烘烤，故可在夹心料中根据需要添加多种维生素（如维生素 B_1、维生素 B_2、维生素 C 等），起增补营养的作用。有些维生素（如维生素 C）还可起改善口味、延长保质期的作用。

华夫饼干

华夫饼干是以小麦粉（或糯米粉）、淀粉为主要原料，加入乳化剂、膨松剂等辅料制成饼片，再在饼片间添加夹心料制成的多层夹心饼干。因表面特有的菱形或方形华夫格而得名。属于烤饼。

华夫饼干源于比利时，用配有专用烤盘的烤炉制成。在中国又称威化饼、维夫饼。

华夫饼干的制作过程为：小麦粉（或糯米粉）加淀粉、泡打粉、鸡蛋、牛奶、细砂糖、黄油等搅拌成面糊，置模夹内焙烤成饼片。烤盘上下两面呈格子状，一凹一凸，可将面糊压出格子。另将凝固的食用油脂搅拌，至腻滑，加白糖粉拌匀，黏合饼片锯成小块即为成品。

华夫饼色泽鲜艳，层次明显，滋味纯香甜美，口感膨松嫩滑，保存期长，含有多种维生素、蛋白质、脂肪，营养丰富，但热量较高。可搭配草莓酱、巧克力、糖、蜂蜜或奶油等食用，既可作为点心，也可作为早餐。

月　饼

月饼是中式糕点的代表产品，也是中秋时节应市的焙烤食品。每逢中秋，人们除以月饼祭月外，还以月饼馈赠亲朋。

◆ 沿革

殷周时期，江浙一带就有一种纪念太师闻仲的"太师饼"。汉代张骞出使西域时，引进芝麻、胡桃，为饼的制作增加了辅料。这时出现了以胡桃仁为馅的圆形饼，称"胡饼"。唐代，民间已有从事饼生产的饼师，长安也开始出现糕饼铺。北宋皇家中秋节喜欢吃一种"宫饼"，民间俗称"小饼""月团"。宋代周密在《武林旧事》中首次提到"月饼"之称。中秋吃月饼始于明代。当时的饼师将嫦娥奔月作为食品艺术图案印在月饼上。清代，月饼的制作工艺有了较大提高，品种也不断增加。

◆ 原料

月饼的原料有面粉、糖、油、馅料等。不同产地和品质的原料，对月饼的质量、风味和各自的特色都有直接影响，选择优质适用的原料，是制作优质月饼的基础。

◆ 分类

月饼的品种繁多，可分为传统月饼和非传统月饼两大类。

传统月饼

中国传统意义下的月饼，可以按加工工艺和地方风味特色进行分类。

按加工工艺分为焙烤类月饼、熟粉成形类月饼和其他月饼。焙烤类月饼是以焙烤为最后熟制工序的一类月饼。①糖浆皮月饼。是以小麦粉、转化糖浆、油脂为主要原料制成饼皮，经包馅、成形、焙烤而成的饼皮紧密、口感柔软的一类月饼。②浆酥皮月饼。是以小麦粉、转化糖浆、油脂为主要原料调制成糖浆面团，再包入油酥制成酥皮，经包馅、成形、焙烤而成的饼皮有层次、口感酥松的一类月饼。③油酥皮月饼。是使用较多的油脂、较少的糖与小麦粉调制成饼皮，经包馅、成形、焙烤而成的口感酥松、柔软的一类月饼。④水油酥皮月饼。是用水油面团包入油酥制成酥皮，经包馅、成形、焙烤而成的饼皮层次分明、口感酥松绵软的一类月饼。⑤奶油皮月饼。是以小麦粉、奶油和其他油脂、糖为主要原料制成饼皮，经包馅、成形、焙烤而成的饼皮呈乳白色、具有浓郁奶香味的一类月饼。⑥熟粉皮月饼。是以小麦粉、油脂、糖为主要原料制成饼皮，经包馅、成形、焙烤而成的口感酥松、爽口的一类月饼。⑦水调皮月饼。是以小麦粉、油脂、糖为主要原料，加入较多的水调制成饼皮，经包馅、成形、焙烤而成的一类月饼。⑧蛋调皮月饼。是以小麦粉、糖、鸡蛋、油脂为主要原料调制成饼皮，经包馅、成形、焙烤而成的口感酥软、具有浓郁蛋香味的一类月饼。⑨油糖皮月饼。是使用较多的油和糖（约为40%）与小麦粉调制成饼皮，经包馅、成形、焙烤而成的造型规整、花纹清晰的一类月饼。熟粉成形类月饼是将米粉或面粉预先熟制，然后制皮、包馅、成形的一类月饼。⑩其他月饼，是指上述分类月饼以外的月饼。

按地方风味特色，分为京式月饼、苏式月饼、广式月饼和其他月饼。①京式月饼，指以北京地区制作工艺和风味特色为代表，配料上重油、轻糖，采用提浆工艺制成糖浆皮面团，或糖、水、油、面粉制成松酥皮面团，馅料多用白糖馅、山楂馅、枣泥馅、豆沙馅、豆蓉馅等，口味纯甜、纯咸，口感酥松或绵软，具有桂花香味的一类月饼。代表品种有提浆、自来红、自来白等。②苏式月饼，指以苏州地区制作工艺和风味特色为代表，选料考究、制作精细，在工艺上采用水油面团包油制成酥皮，馅料多用果仁、猪板油丁，用桂花、玫瑰调香，饼皮层次分明，口感酥松绵软，入口即化，口味重甜的一类月饼。代表品种有玫瑰、百果、椒盐、豆沙、薄荷、黑麻、甘菜、金腿、鲜肉、葱猪油、猪油火腿等。③广式月饼，指以广州地区制作工艺和风味特色为代表，采用转化糖浆、花生油、枧水等制成糖浆皮面团，馅料多用莲蓉、椰蓉、椰丝、豆蓉、蛋黄、果仁、糖腌肥猪肉等，重油、重糖，形态边角分明，花纹清晰，表面油润、柔软，有光泽，皮薄馅多，口味甜中含咸的一类月饼。代表品种有纯正莲蓉、五仁、蛋黄莲蓉、玫瑰豆沙、腊肠叉烧、火腿等。④其他月饼，指以其他地区制作工艺和风味特色为代表的月饼。

非传统月饼

非传统月饼是新出来的月饼品类，与传统月饼相区别。较之传统月饼，非传统月饼的油脂及糖分较低，注重月饼食材的营养及月饼制作工艺的创新。非传统月饼在外形上热衷新意，追求新颖独特，同时在口感上不断创新。相对传统月饼一成不变的味道，非传统月饼在口感上更加香醇，也更美味，同时也更符合现代人对美食的追求。

市场上最常见的非传统月饼有法式月饼、冰皮月饼、冰激凌月饼、果蔬月饼和其他月饼。①法式月饼，是将中国月饼文化和法国糕点工艺结合制成的一种非传统月饼，有乳酪、巧克力榛子、草莓、蓝莓、蔓越莓、樱桃等多种口味，口感香醇美味、松软细腻，味道与小蛋糕等法式西点类似。②冰皮月饼，其特点是饼皮无须烤，冷冻后进食。以透明的乳白色表皮为主，也有紫、绿、红、黄等颜色。口味各不相同，外表十分谐美趣致。③冰激凌月饼，是完全由冰激凌做成，只是用的月饼的模子，美味加清凉，也是很多消费者热衷的选择。④果蔬月饼，其特点是馅料主要是果蔬，馅心滑软，风味各异，馅料有哈密瓜、凤梨、荔枝、草莓、冬瓜、芋头、乌梅、橙等，又配以果汁或果酱，因此更具清新爽甜的风味。⑤其他月饼，是指上述分类月饼以外的月饼。

广式月饼

广式月饼是中国南方地区，特别是广东、广西、江西等地流行的应节食品。

1889年，广州城西的一家糕酥馆，用莲子熬成莲蓉作酥饼的馅料，大受顾客欢迎。之后，这种莲蓉馅的酥饼逐渐定型为月饼，这家糕酥馆也改名为连香楼。清宣统二年（1910），翰林学士陈太吉品尝该店月饼后大加赞赏，但觉"连香"二字不雅，建议改成"莲香"，并手书"莲香楼"招牌，沿用至今。此后，广州各食肆、饼家纷纷仿效莲香楼生产月饼，又形成陶陶居、广州酒家、金口月饼、趣香、大三元等月饼名牌，广式月饼逐渐闻名。

广式月饼一般根据饼馅的不同分为果仁型、肉禽型、椰蓉型、蓉沙型、水果型、果酱型等。饼馅原料有五仁、金腿、莲蓉、豆沙、豆蓉、枣泥、椰蓉、冬蓉、蛋黄、皮蛋、香肠、叉烧、鸡丝、烧鸭、冬菇等，可配制成众多的花色品种。其他原料有面粉、植物油、转化糖浆、碱水、盐、咸蛋黄、酒等。制作步骤包括：①油、糖浆、碱水及盐放容器中，加热至糖浆变稀，筛入面粉，拌匀。覆盖保鲜。室温下放置4小时以上。②咸蛋黄在酒里浸泡去腥，然后把蛋黄放烤盘中，烘烤后取出待凉。③分割月饼皮及月饼馅。④包月饼。压平月饼皮，上面放一份月饼馅，用月饼皮完全包住月饼馅，成月饼球。月饼球放入模型均匀压平后脱模。⑤在月饼表面喷一层水，放入烤箱烘烤。烘烤期间，分两次取出烤盘在月饼表面涂刷蛋黄液。⑥取出烤好的月饼，完全冷却，在密封容器内放置两三天，回油后即可食用。

广式月饼选料和制作技艺精巧，皮薄松软，造型美观，图案精致，花纹清晰，不易破碎。

京式月饼

京式月饼是中国北方地区月饼类食品的代表品种之一。它起源于京津及周边地区，在北方有一定市场，其主要特点是甜度及皮馅比适中，一般皮馅比为4∶6，重用麻油，口味清甜，口感脆松。

京式月饼花样繁多，主要产品有北京稻香村的自来红月饼、自来白月饼、提浆月饼和酥皮月饼等。①自来红月饼。以精制小麦粉、食用植物油、绵白糖、饴糖、小苏打等制皮，熟小麦粉、麻油、瓜仁、桃仁、冰糖、桂花、青红丝等制馅，经包馅、成形、打戳、焙烤等工艺制成的皮松酥、馅绵软的月饼。②自来白月饼。以小麦粉、绵白糖、猪油或食用植物油等制皮，冰糖、桃仁、瓜仁、桂花、青梅或山楂糕、青红丝等制馅，经包馅、成形、打戳、焙烤等工艺制成的皮松酥、馅绵软的月饼。③提浆月饼。皮面为冷却后的清糖浆调制面团制成的浆皮。以小麦粉、食用植物油、小苏打、糖浆制皮，经包馅、磕模成型、焙烤等工艺制成的饼面图案美观，口感艮酥不硬，香味浓郁。过去在熬制饼皮糖浆时，需用蛋白液提取糖浆中的杂质，提浆月饼因此得名。④酥皮月饼，又称翻毛月饼。以精制小麦粉、食用植物油等制成松酥绵软的酥皮，经包馅、成形、打戳、焙烤等工艺制成的皮层次分明、松酥、馅利口不黏的月饼。

第 3 章
水果类制品

　　水果类制品是以水果为原料，经多种加工工艺和方法（如脱水干燥、冷冻、发酵等）制成的产品。

　　水果类制品种类繁多，按其制作方法和制品特点，可分为 6 类：①果品干制类。将果品脱水干燥，制成干制品。如葡萄干、苹果干、桃干、杏干、红枣、柿饼、柿坠等。②糖制果品类。将果品用高浓度的糖加工处理制成。制品中含有较多的糖，属于高糖制品。产品有果脯、蜜饯、果泥、果冻、果酱、果丹皮等；以及用盐、糖等多种配料加工而成的凉果类制品，如话梅、陈皮李等。③果汁类。通过压榨或其他方法获得果实的汁液，经密封杀菌或浓缩后再密封杀菌保藏。其风味和营养都接近新鲜果品，是果品加工中最能保存天然成分的制品。根据制作工艺不同又分为澄清汁、混浊汁、浓缩汁、颗粒汁、果汁糖浆、果汁粉和固体饮料等。④果品罐头类。果品经处理加工后装入特定容器，脱气密封并经高温灭菌。因其密封性能好，微生物不能侵入，可长期保藏。如糖水苹果罐头、糖水梨罐头等。⑤果酒类。利用自然或人工酵母，使果汁或果浆进行酒精发酵，最后产生酒精和二氧化碳，形成含酒精饮料。如葡萄酒、苹果酒、橘子酒、白兰地、香槟酒和其他果实配制酒等。⑥果醋类。

将果品经醋酸发酵，制成果醋。如苹果醋、柿子醋等。果醋取材十分广泛，几乎所有的果品都可以做醋。生产中常利用次果、烂果、果皮、果心、酒脚等制造果醋。

红枣和枣干

陈皮梅

果　酱

果酱是以水果、果汁或果浆和糖为主要原料，经预处理、煮制、打浆（或破碎）、配料、浓缩、包装等工序制成的酱状产品。

按原料分为果酱、果味酱。①果酱。配方中水果、果汁或果浆用量大于或等于25%。②果味酱。配方中水果、果汁或果浆用量小于25%。

按加工工艺分为果酱罐头、其他果酱。①果酱罐头。按罐头工艺生产的果酱产品。②其他果酱。非罐头工艺生产的果酱产品。

按产品用途分为原料类果酱、酸乳类用果酱、冷冻饮品类用果酱、烘焙类用果酱等。①原料类果酱。供应食品生产企业，作为生产其他食品的原辅料的果酱。②酸乳类用果酱。加入酸乳并在其中能够保持稳定状态的果酱。③冷冻饮品类用果酱。加入冰激凌及其他冷冻甜品中的果酱。④烘焙类用果酱。加入烘焙类产品的果酱。⑤其他果酱。除上述外，作为生产其他食品原料的果酱。⑥佐餐类果酱。直接向消费者提供的，佐以其他食品一同食用的果酱。

果酱主要用于涂抹面包或吐司。含糖量偏高，不宜多食。

果　冻

果冻是由果冻胶、甜味剂、增稠剂和香精等加工而成的胶冻食品。

果冻根据添加剂的不同，可以分为不同的口味，包括黄桃蜜桃果肉果冻、香橙味果冻、蜜橘果肉果冻、蓝莓果肉果冻、果汁果冻、葡萄风味果冻、凤梨味果冻、杧果味布丁、芦荟荔枝味椰果果冻、荔枝味布丁、苹果风味果冻、什锦味果冻等。

果冻是将一种或多种水果煮沸后压榨取汁、过滤、澄清，加入砂糖、果胶、柠檬酸或苹果酸、香精等配料，加热浓缩至可溶性固形物65%～70%，装玻璃瓶或马口铁罐制成。制造果冻的理想水果含有足够多的果胶和酸，如苹果、不过熟的酸苹果、柑橘、葡萄、酸樱桃等。用一些含酸和果胶量低的水果制造果冻，可外加酸或果胶进行调整。根据配料及产品要求不同，果胶可分为以下3种。纯果冻，采用一种或数种果汁混合，加入砂糖或柠檬酸等配料加热浓缩制成；果胶果冻，用水、果酸（柠檬酸、苹果酸等）、砂糖、香精、色素等按比例配合制成；果胶果实果冻，由果胶果冻和果实果冻混合制成。制造果冻需用果胶、糖、酸和水 4 种基本物质。当果胶、糖、酸在水中达到适合的浓度时，便形成果冻。果冻凝胶结构的连续性受果胶浓度的影响，而其硬度则受酸度和糖浓度的影响。形成凝胶所需要的果胶量与果胶的类型有关，通常以略低于 1% 的用量为宜；形成凝胶的最适 pH 接近于 3.2。当 pH < 3.2 时，凝胶强度缓慢下降；pH > 3.5 时，一般不会形成凝胶。最适的糖浓度含量为 67.5%；糖浓度太高，会造成有黏性的凝胶。

加工果冻时，煮沸水果的目的在于最大限度地抽提出果胶、果汁和有水果特征的香味物质。在煮沸抽提过程中，果胶水解酶被破坏。接着用粗滤或压榨从果浆中压出煮沸的果汁，对滤饼可加水进行第二次煮沸并榨汁。过滤除去榨出汁中的悬浮固体。果汁浓缩是制备果冻的重要步骤之一，必须迅速将果胶、糖、酸系统浓缩到凝胶的临界点。延长浓缩时间不仅引起果胶水解和增加酸的蒸发，还会造成香味和颜色的变化。真空浓缩较常压能改进果冻的质量。已发展出连续制造果冻的生产线。如需要将果肉悬浮在凝胶之中，可加入能迅速凝固的果胶。浓缩好的物料趁热装入已消毒的容器中，随即密封，一般不需进一步杀菌。

果　脯

果脯是以新鲜水果为原料，经糖水煮制、浸泡、杀菌、烘干等工序制成的半干食品。

果脯种类繁多，主要有苹果脯、酸角脯、杏脯、梨脯、桃脯、太平果脯、青梅、山楂片、果丹皮等。根据含糖量可分为高糖果脯（含糖量高于 55%）和低糖果脯（含糖量低于 55%）。

　　传统的果脯制作工艺分为原料处理（包括原料去皮、切分、去核、硬化或熏硫处理、漂洗、预煮）、糖制（加糖煮制、加糖腌制、真空梯度浸渍，或以上交叉进行）、烘干、整理包装等工序。

　　与其他水果制品相比，果脯制品表面干燥，稍有黏性，含水量在20% 以下。果脯中的高浓度糖可产生较高的渗透压，降低水分活度，抑制细菌和真菌生长，使果脯可在常温下保存较长时间。因此，果脯也是一种水果保藏形式。

蜜　饯

　　蜜饯是以多种果蔬为原料，用糖或蜂蜜腌制后加工制成的食品。蜜饯的原料为桃、杏、李、枣或冬瓜、生姜等果蔬。

　　根据产品性状特点，可将蜜饯分成以下几类。①糖渍类。由果肉加糖共煮，其成品一般浸渍在浓糖液中，果肉细致、味美。表面微有糖液，色鲜肉脆，清甜爽口，原果风味浓郁，色、香、味、形俱佳，其代表产品主要有梅系列产品，以及糖佛手、蜜金柑、无花果等。②返砂类。原料经糖渍糖煮后，成品表面干燥，附有白色糖霜，色泽清新，形状别致，入口酥松，其味甜润，代表产品有枣系列产品，以及苏橘饼、金丝金橘和苏式话梅、九制陈皮、糖杨梅、糖樱桃等。③果脯类。经糖渍煮制后烘干而成，其色泽有棕色、金黄色或琥珀色，鲜明透亮，表面干燥，为稍有黏性的干制品，如苹果脯、梨脯、桃脯、沙果脯等。④话化类。以水果为主要原料，经腌制，添加食品添加剂，加或不加糖，加或不加甘草制成的干态制品。产品有甜、酸、咸等味道，如话梅、话李、话杏、九制陈皮、五香山楂片、甘草榄、甘草金橘等。⑤果丹类。以果蔬为主要原料，经糖熬煮、浸渍或盐腌，干燥后磨碎，成形后制成各种形态的干态制品。如百草丹、陈皮丹、柠檬丹、冰梅丹、酸梅丹、果皮丹、山楂丹、佛手丹等。⑥果糕类。原料加工成酱状，经浓缩干燥，成品呈片、条、块等形状，如酸角糕、百香果糕、山楂糕、山楂条、果丹皮、开胃金橘等。

根据地方风味，蜜饯又可分为以下几类。①雕花蜜饯。雕花蜜饯技艺分布在湖南省怀化市南部、湘黔桂交界的靖州苗族侗族自治县渠阳镇及周边一带。雕花蜜饯是一种独具特色的民族食品，又是美如玉琢、形色别致的工艺品，蕴藏着丰富的民族文化，是美食文化与民族文化结合的民间艺术珍品。主要以未成熟的青皮柚子为原料，先将柚子切成圆形或扇形的均匀薄片，然后在柚片上雕刻出奇花异草、飞禽走兽、龙凤鱼虾、人物器皿、吉祥字画等生动活泼、栩栩如生的图案，然后经过清水漂洗、铜锅沸煮、蔗糖腌酿、翻晒烘烤等多道工序精制而成。②京式蜜饯，也称北京果脯，起源于北京，其中以苹果脯、金丝蜜枣、金糕条最为著名。京式蜜饯的特点是果体透明，表面干燥，配料单纯但用量大，入口柔软，口味浓甜。③杭式蜜饯，旧时称糖色，按工艺分两大类：糖制、蜜浸。主要有糖水青梅、糖水枇杷、话梅、金橘、杏脯等几十味。④广式蜜饯。起源于广州、潮州一带，其中橄榄、糖心莲、糖橘饼、奶油话梅、嘉应子享有盛名。其特点是表面干燥，甘香浓郁或酸甜。⑤苏式蜜饯。起源于苏州，包括产于苏州、上海、无锡等地的蜜饯。其中白糖杨梅最有名。苏式蜜饯的特点是配料品种多，以酸甜、咸甜口味为主，富有回味。⑥闽式蜜饯。起源于福建的泉州、漳州一带。其中以大福果、嘉应子、十香果最为著名。闽式蜜饯的特点是配料品种多、用量大，味甜多香，富有回味。

除作为小吃或零食直接食用外，蜜饯也可以放置于蛋糕、饼干等上起点缀作用。蜜饯已演变成为中国的传统食品名称，主要产地有北京、潮汕、肇庆等。

水果类罐头

水果类罐头是以水果为原料，经加工处理、排气、密封、加热杀菌、冷却等工序而成的罐装食品。

按加工方法不同，水果类罐头可分为糖水类水果罐头、糖浆类水果罐头、果酱类水果罐头。①糖水类水果罐头。水果原料经分级去皮（或核）、修整（切片或分瓣）、分选等处理后装罐，加入不同浓度的糖水制成的罐头产品。如糖水橘子、糖水菠萝、糖水荔枝等罐头。②糖浆类水果罐头。处理好的原料经熬煮至可溶性固形物达 45% ～ 55% 后装罐，加入高浓度糖浆等工序制成的罐头产品，又称液态蜜饯罐头。如糖浆金橘等罐头。③果酱类水果罐头。按配料及产品要求的不同，又可分成下列 3 类：a. 果冻罐头。处理好的水果加水或不加水煮沸，经压榨、取汁、过滤、澄清后加入白砂糖、柠檬酸（或苹果酸）、果胶等配料，浓缩至可溶性固形物达 65% ～ 70% 后装罐制成的罐头产品。如果汁果冻、含果块（或果皮）的果冻。b. 果酱罐头。一种或几种新鲜水果去皮（或不去皮）、核（芯）后软化磨碎或切块（草莓不切），加入砂糖，熬制（含酸及果胶量低的水果须加适量酸和果胶）成可溶性固形物达 65% ～ 70% 和 45% ～ 50% 两种固形物浓度，装罐制成的罐头产品。分为块状或泥状两种，如草莓酱、桃子酱等罐头。c. 果汁类罐头。水果经破碎、榨汁、筛滤或浸取提汁等处理后制成的罐头产品。按产品品种要求不同可分为浓缩果汁罐头、果汁罐头和果汁饮料罐头。

水果类罐头有玻璃瓶、金属罐、软包装等包装形式。

水果罐头的主要成分是碳水化合物。含有多种有机酸（主要是苹果酸、柠檬酸和酒石酸），可增进风味，刺激食欲，帮助消化。还含有多种维生素。

第4章 肉类制品

畜肉制品

风干肉

风干肉是将肉先经熟加工再成型干燥，或先成型再经热加工制成的干熟类肉制品，主要包括肉干、肉松和肉脯三大类。

风干肉是一种古老的肉类加工和贮藏形式，具有加工方法简单、易于贮藏和运输、食用方便、风味独特等特点。

现代肉干制品的加工，主要目的不再是贮藏，而是满足消费者的喜好。肉品经过干制后，水分含量低，产品耐贮藏，体积小、质量轻，便于运输和携带，蛋白质含量高，富有营养，适合休闲、旅游消费，也可满足军工及其他特殊需要。

随着远红外加热干燥和微波加热干燥设备的发展，传统干肉制品加工方法发生了较大变化；同时，营养学、卫生学的发展也对传统干肉制品产生了影响，干肉制品的加工工艺和配方得到了丰富和发展，产生了营养、卫生的新型干肉制品。

肉 干

肉干是畜类瘦肉经切片、煮制调味、脱水干燥制成的肉制品。

肉干按原料可分为牛肉干、猪肉干等；按配料可分为咖喱肉干、五香肉干、辣味肉干等；按形状可分为片状肉干、条状肉干、粒状肉干等。肉干的制作方法大同小异，传统工艺流程大致包括原料→初煮→切坯→煮制汤料→复煮→收汁→脱水→冷却包装。原料以新鲜瘦肉为好。先将原料肉的脂肪和筋腱剥去，然后洗净沥干，水煮后捞出，切成适当的形状和大小。根据需要添加不同的配料进行复煮。之后将肉片进行烘烤，至肉干变硬变干。冷却后包装贮藏。

条状肉干

将肉类加工成肉干，不仅保存了肉类原有的营养，还可延长肉类的保质期。肉干在干燥通风处可保存 2 ～ 3 个月。

肉 松

肉松是以畜禽瘦肉为主要原料，经修整、切块、煮制、撇油、调味、收汤、搓松制成的肌肉纤维蓬松成絮状的熟肉制品，又称肉绒、肉酥。

肉松按原料可分为猪肉松、牛肉松、鸡肉松、鱼肉松等，其中猪肉松以太仓肉松和福建肉松最为著名。按形状可分为绒形肉松和粉状（球状）肉松。按脂肪含量可分为普通肉松和油酥肉松，其中油酥肉松是以畜禽瘦肉为主要原料，经修整、切块、煮制、撇油、调味、收汤、搓松，再加入植物油炒制成颗粒状或短纤维状的熟肉制品。肉松营养丰富，其水分含量一般小于 20%，脂肪一般小于 10%（油酥肉松 30%），蛋白质一般不低于 32%（油酥肉松 25%），食盐一般小于 7%，总糖一般小于 35%，淀粉一般不超过 2%。

肉松制作简单。首先选取原料肉，除去其中的骨、皮、脂肪、筋腱及结缔组织等，然后将瘦肉顺其纤维纹路先切成肉条后，再切成 3 厘米长的短条，经浸水洗去淤血和污物。将切好的瘦肉放入锅中，加入与肉等量的水，然后分三个阶段进行加工。第一阶段：用大火煮沸后，撇去上浮的油沫，直至将肉煮烂，即可加入调料，并继续煮至汤快干时为止；第二阶段：炒压阶段，即用中等火头，一边用锅铲压散肉块，一边翻炒；第三阶段：炒干阶段，火头要小，连续勤炒勤翻，在肉块全部松散和水分完全炒干时，颜色由灰棕转变成灰黄色。最后揉搓成形，制成肉松。

肉　脯

肉脯是以畜禽类瘦肉为原料加工制成的干熟薄片状肉制品，包括肉片脯和肉糜脯。肉脯具有色泽棕红、光泽美观、口味香甜、食而不腻等特点。

①肉片脯。选畜禽类瘦肉，剔骨后修去肥膘、筋膜、碎肉，切块，洗去油腻，装入肉模，速冻后用切片机切成薄片，加调料腌渍约 1 小时。将腌渍后的肉片平摊于筛筐上，送入蒸汽烘房，65℃ 5 ~ 6 小时烘成干坯，自然冷却即成半成品。将半成品在 100 ~ 105℃ 的高温下烘至出油，

呈棕红色，压平后按规格切成一定形状，即为成品。

②肉糜脯。原料肉经搅碎、拌料、腌制、抹片、烘烤、成熟、包装等工艺制成。将肉放入斩拌机内，加入配好的辅料高速斩拌成肉糜。在 2 ～ 4℃ 下进行腌制，然后在竹片上铺成厚度为 0.5 ～ 2 毫米的薄片，置不锈钢架上推进蒸汽烘房，70 ～ 75℃ 下恒温烘烤 2 ～ 3 小时，表皮干燥成膜时剥离肉片并翻转，再 60 ～ 65℃ 烘烤 2 小时，即为半成品。将半成品放入 200 ～ 220℃ 的远红外高温烘烤炉中烘烤 1 ～ 2 分钟，经过预热、收缩、出油 3 个阶段烘烤成熟即为成品。

肉糜脯

火腿肠

火腿肠是以鲜或冻畜肉、禽肉、鱼肉为主要原料，经腌制、搅拌、斩拌（或乳化）后灌入塑料肠衣，再经高温杀菌制成的肉类灌肠制品。产品特点为肉质细腻、携带方便、食用简单、货架期长。

火腿肠起源于日本和欧美。1986 年，中国生产出第一根火腿肠，从此，中原大地掀起了火腿肠的销售热潮，仅仅十几年的时间，火腿肠生产加工就发展成为中国肉制品市场的主导产业之一，年产量发展到 200 万吨左右。

按原料种类大致可将火腿肠分为猪肉类火腿肠、鸡肉肠、鱼肉肠、牛肉肠和羊肉肠五大类。根据产品的加工工艺及原料在火腿肠中存在的形式，每种原料的火腿肠又可分成颗粒型（成品中原料肉以颗粒的形式存在）和乳化型（成品中原料肉以肉糜的形式均匀分布，一般无肉眼可见肉颗粒）两个子类。根据消费者消费水平的差异，每个子类的火腿肠依据产品本身档次的高低，又可分为高、中、低档产品，即特级火腿肠、优级火腿肠和普通级火腿肠。

火腿肠的加工工艺为：原料肉整理→绞碎→腌制→斩拌→混合→充填→杀菌→冷却→干燥→包装。

水产品制品

鱼 卷

鱼卷是将擂溃及调味后的鱼糜用手卷在直径约为 1 厘米的竹子上，然后放在火上炙烤而成的鱼糜制品。在日本，鱼卷又称竹轮。

鱼卷加工常以狭鳕鱼糜为主要原料，并适当加入一些鲨鱼鱼糜。新鲜原料的预处理则同鱼丸等产品，冷冻鱼糜经解冻后使用。经擂溃后的鱼糜用手工搓捏加工成长圆筒形，并由链条输送带送至烤鱼卷机上。焙烤机分为两段，前段为干燥部分，目的在于增强成品之弹力；后段为强火加热。鱼卷以滚动方式前进，最初用文火，使鱼卷表面形成一层没有焙烤色的薄皮，然后用强火（150～170℃）烤至表面产生纽扣状的焦斑，最终成为外表为黄褐色的鱼卷。焙烤时，有时在鱼卷表面涂上葡萄糖液以利呈色。烤熟后的鱼卷经冷却后，包装、装箱，在 -30 ～ -35℃ 的冻结室内急速冻结后再冷藏、运输。

高质量的鱼卷入口柔润清脆，咀嚼时齿颊留香，既没见鱼肉，也不含腥味，有一种特有的清鲜滋味。鱼卷是中国福建闽南一带的一道名菜，也是泉州的十大名小吃之一。

煎烤鱼卷

有关鱼卷，中国福建崇武有一个传说。崇武古城是一座兵家必争的要塞，因小镇地处重要的水道，在明初建城之后，便有官兵在该地常年驻守。驻守海域，官兵需时常出海巡查，每次出海前便要准备充足的军粮。虽然该地有充沛的鱼类可供食用，但因缺乏有效的冷藏器具，每次捕捞的鱼都无法置放多日，巡航时间一长，食物补给经常跟不上。为解决储备军粮的需要，当时驻守海域的千户侯钱储，便让士兵们捕捞海峡中特产的马鲛

生鲜鱼卷

蜜汁鳕鱼卷

鱼，将其去骨取肉，手工擂溃成鱼糜，配以番薯粉，再加上一些调剂口感的辅料食材，卷条蒸熟。经此处理的鱼肉随时可以食用，大大缓解了军粮短缺的窘境。如此一来，便创造出了富有地域特色的军用干粮，其条状的鱼制品就成了当地人俗称的"鱼卷"。

鱼香肠

鱼香肠是将鱼肉绞碎或冷冻鱼糜半解冻后，在其中加入部分畜禽肉糜和其他辅助材料，如淀粉、植物蛋白等及抗氧化剂等添加剂，再以调味品香辛料调味，经擂溃，充填于肠衣中，再经加热杀菌等工序后获得的产品。

鱼香肠的主要加工步骤包括：①原料选择。要求鱼肉新鲜、脂肪含量少、肉质鲜美、弹性强，一般多选用冷冻白色鱼肉糜为原料。②前处理。要求原料鱼处理工艺同鱼糜制品，原料畜禽肉则应剔骨，切丁（一般规定切成 1.5 ～ 3.0 厘米见方）后按要求处理。③擂溃。擂溃的基本要求与一般鱼糜制品大同小异，差异在于最好使用真空型的擂溃设备，或在擂溃之后配置一真空搅拌器，以减少擂溃时鱼糜中空气的混入量，确保成品中的气孔量降至最少。④混合。依配方，混合主要是将腌渍鱼肉、畜禽肉块与擂溃后的鱼糜拌和均匀后直接灌肠，鱼肉一般占成品重量的 50% 以上，畜禽肉块占成品重量的 20% 左右，植物蛋白应在 20% 以下。另外，对畜禽肉型鱼香肠，在擂溃后一般也加 7% ～ 10% 的猪脂小块再灌肠，以改善鱼香肠的口感。也有报道在鱼香肠中加入 0.4% ～ 1.0% 的海带，其弹性更强，色味更好，且可减少蛋、食油等辅料的用量。

⑤充填。将上述鱼肉糜用充填机（灌肠机）压入肠衣内。⑥结扎。按一定规格充填后的鱼肉香肠或鱼肉火腿应及时两头结扎。天然肠衣通常是8根连1串，仅需在头尾用棉线结扎，而每两根之间可将肠衣扭几圈，受热后便凝固起到结扎同样效果。⑦加热。发现肠内有气泡时，应用针刺破肠衣将气体放出，以防煮熟后有较大空隙，要严格按操作规程进行，避免香肠破裂。⑧冷却。经加热或杀菌后的香肠或火腿需及时迅速冷却。

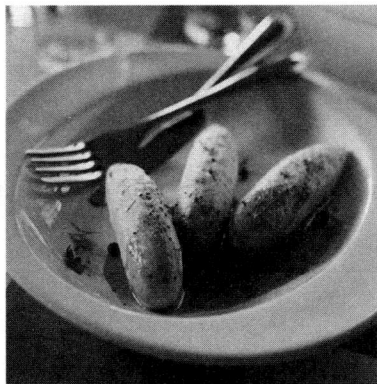

鱼香肠

鱼香肠的加工技术成熟，已广泛应用于工业化火腿肠制品加工。

鱼 丸

鱼丸是以鱼糜为主要原料并添加少许辅料做成的丸状冷冻产品，又称水丸，古时称氽鱼丸。

鱼丸的来历与秦始皇有关。根据稗史的记载，秦始皇好吃鱼，称帝后每餐必要有鱼，但又不能有刺，多位厨师因鱼有刺而被赐死；而烧鱼肉汤，又怕有诅咒秦始皇之嫌。故有厨师做御膳，见到鱼又胆怯又发恨，用菜刀背砸鱼发泄时发现，鱼刺鱼骨竟自动露了出来，鱼肉成了鱼茸。此时宫中传膳了，厨师急中生智，拣出鱼刺，顺手将鱼茸捏成丸子投入已烧沸的豹胎汤中，一会儿便制成色泽洁白、柔软晶莹、尝之鲜嫩的鱼丸。始皇尝后称赞并给予奖赏。后来，这种做法从宫廷渐渐传到民间，故称为"氽鱼丸"。

鱼丸加工工艺如下：①选用新鲜、凝胶形成能较高，含脂量不太高的白色鱼肉比例较大的鱼种为原料。②用15℃以下清水冲洗鱼体，以保证鱼肉鲜度，将鱼体置于采肉机上采肉，漂洗后的鱼肉进入精滤机，精滤后的鱼肉装进尼龙袋脱水得到碎鱼肉。③擂溃是鱼糜制品生产的一个重要工序，碎鱼肉或冷冻鱼糜经擂溃后在成丸机上成丸，用40℃温水浸泡15分钟，将温水浸泡定型的鱼丸投放沸水中煮熟，鱼丸上浮时捞出。④加热后的制品投入冰水中冷却，然后在无菌室用真空包装机封口。⑤制品需在 -18℃ 低温下冷却或冻结保存。

鱼丸是中国具代表性的传统鱼糜加工制品，并且是福州、广州、台湾、江西抚州一带经常烹制的特色传统名点。常见制品有水发鱼丸（水煮）和油炸鱼丸。其中，水发鱼丸成品色泽较白，有很好的弹性，具有鱼肉原有的鲜味。

鱼丸

鱼丸的品种根据所用原料鱼种、有无包馅、有无淀粉、丸料大小、水煮还是油炸乃至产地分为许多品种，其中福州鱼丸、鳗鱼丸、花枝丸等较出名。

鱼丸菜品

自 20 世纪 90 年代以来，鱼丸主要以机器自动化生产为主。

鱼丸其色如瓷、富有弹性、脆而不腻、味道鲜美、多吃不腻，可作点心配料，又可做汤，为宴席常见菜品，在中国分布最广。

虾 饼

虾饼是以虾肉和鱼糜为主原料，加入食盐擂溃后加调味料和品质改良剂等辅料混合均匀，经鱼糕成型机制成饼状并在凝胶化后包装，解冻后油炸的食品，又称铜鼓饼。

虾饼的制作方法是将一定比例的鱼糜、虾肉、盐等原料，经低温斩拌均匀制得饼芯料，通过成型机将饼芯料制成圆形或椭圆形，然后在饼芯外表面沾裹一层面包粉，将虾饼速冻定型后，油炸熟至外表金黄。

虾饼制作过程中，冷冻鱼糜的解冻工序必须严格控制，解冻程度宜掌握在半解冻状态下。将半解冻状态的冷冻鱼糜进行绞肉，既能缩短解冻时间和破坏鱼肉组织，也能促进擂溃时盐溶性肌原蛋白的充分溶出。擂溃过程鱼糜温度不宜超过 10℃，温度太高，会导致鱼肉蛋白质变性；但温度低于 0℃ 时加入精盐，会使鱼肉再次冻结成块，影响擂溃效果和鱼糜制品的品质。将擂溃好的鱼糜装到鱼糕成型机里成型。成型后的虾饼沾上面包糠后，盖上聚乙烯薄膜。虾饼在速冻前要在一定温度下放置一段时间，以增加虾饼的弹性和保水性。

虾饼

虾饼外酥里嫩、弹性佳，具有虾的鲜味，且营养丰富，是一种很受欢迎的方便食品。

虾 片

虾片是以虾汁和淀粉为主要原料，经蒸煮、切片、干燥、油炸等传统工艺加工而制成的片状休闲食品，又称玉片。

◆ 加工

虾片的加工包括以下步骤：①用碎冰机或类似的设备破碎冻虾块，然后将碎虾体投入研磨机搅拌和研细。②将基本原料在搅拌器里混合，制成软膏体，然后放入搅和机里反复糅合，直到形成十分均匀的冷膏体为止。③通过灌肠机之类的装置，把冷膏体充填到直径约3厘米，长度约50厘米的尼龙袋类的装置之中，用事先经蒸汽处理过的布把充填好的尼龙袋包扎牢固。④用蒸汽加热到100～130℃，约经40分钟完成蒸熟和糊化。⑤解除包扎布料并剥除尼龙袋，把尼龙袋中的熟面团移入0℃左右的冷藏库中降温，冷藏24小时左右。⑥将圆柱状熟面团切成2～3毫米厚的薄片并用干热气流烘干。⑦以动物油脂或植物油在150～180℃下烹炸。

◆ 工艺

虾片的加工工艺以马铃薯虾片的制作为例，有两种方法：①用马铃薯全粉代替10%～20%淀粉，能够提高虾片的营养价值和膨胀度。通过将

未加工熟的虾片

小虾等基本原料按一定比例混合，与调味料一同煮沸后再加入淀粉水溶液调浆煮至糊呈透明状。再加入虾仁或虾糜、马铃薯粉，先慢速搅拌、接着快速搅拌，使其成为均匀的粉团，其操作需 8～10 分钟。随后进行蒸煮，需要使虾条没有白点，呈半透明状，条身软而富有弹性后，取出自然冷却。待冷却完成后放置老化，能使条身硬而有弹性。随后进行切片、干燥，再经油炸得到即食产品或未经油炸直接包装成品供油炸后消费。

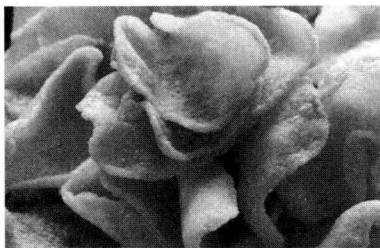

油炸熟虾片

②用鲜马铃薯经一系列加工过程制成相似于虾片的产品，即薯片虾片。薯片虾片用热油干炸时比海虾片容易，且没有海虾片易返潮不脆的缺点。

薯片虾片

鱼　糕

鱼糕是采用鱼糜、鸡蛋、淀粉等为主要原料加工蒸制而成的食品，又称楚夷花糕、板鱼（中国台湾）、蒲鉾（日本）。

鱼糕发源于春秋战国时期（公元前 8 世纪末至公元前 3 世纪初）的楚国地区，今湖北省宜昌至荆州一带。

按照制作工艺和方法不同，鱼糕可分为单色鱼糕、双色鱼糕、三色鱼糕；方块形鱼糕、叶片形鱼糕、板蒸鱼糕；焙烤鱼糕、油炸鱼糕；小田原鱼糕、大阪鱼糕、新鸿鱼糕（蒲）。

鱼糕的加工过程主要包括：原料鱼选择和前处理（主要是漂洗）；鱼肉或鱼糜的擂溃（空擂、盐擂）；色泽与口味调配（拌擂）；将调配好的鱼糜用刀具手工或成型机械在木板上成型，烤鱼糕在成型时常以专用聚丙烯（OPP）进行初次包装；加热、蒸煮后立即置于冷水（10 ～ 15℃）中迅速冷却；再用自动包装机依卫生标准包装；包装好的鱼糕装入木箱，放入冷库（0 ～ 5℃）中贮藏、流通。

鱼糕可以直接吃，也可以作为拼盘、寿司、火锅的原料，因此深受消费者喜爱。

有关鱼糕的传说有：舜帝携女英、娥皇二妃南巡，过江陵（荆州）一带时，娥皇困顿成疾，喉咙肿痛，想要吃鱼但又讨厌鱼刺，于是女英在当地一渔民的指导下，融入自己的厨艺，为娥皇制成鱼糕。娥皇食之，迅速康复。舜帝闻之，大加赞赏。鱼糕从此在荆楚一带广为流传。

鱼糕

春秋战国时，纪南城（楚国国都，纪南城遗址在今荆州城北）南门外有一"百合鲜鱼庄"，楚庄王某日郊游到此鱼庄偶食之而钟爱，遂被引为楚宫廷头道菜。

鱿鱼干

鱿鱼干是将鱿鱼洗涤、剖割、除内脏后再风干而制成的水产干制品。制作鱿鱼干的原料有长条形的柔鱼和椭圆形的枪乌贼，前者优于后者。鱿鱼易发红，须及时处理以防止色泽发生较大的变化。在腹侧用锋利的刀从颈部至尾部笔直地切开，除去内脏并留下软骨，将眼球和嘴除去。用海水或淡盐水将鱿鱼洗净，待干燥处理。干燥主要有吊晒法和网晒法。①吊晒法。是将鱿鱼摆在铁丝网片上，以竹签撑开胴体，用小铁钩钩住鱿鱼尾部挂在固定的支架上，使鱿鱼头朝下，以便渗出水分。②网晒法。是将鱿鱼平铺在网帘上，先晒鱼背，后翻晒腹肉。干燥完成后即可包装，包装应保证鱿鱼干不受潮，不形变，不变质。

鱿鱼干以色泽呈淡红色，其上覆有一层白霜状物质，肉质较厚且细密为上佳，食用前需泡发。鱿鱼干具有生产成本和储藏成本较低、味道鲜美以及保质期较长等优点，可食部分达 95%，比墨鱼干多 13%；蛋白质含量达 65.9%，每百克比墨鱼干多 27.8 克；每百克含热量 316 千卡，比墨鱼干高 42 千卡；还含有碳水化合物、钙、磷、铁等营养成分。

鱿鱼干

第 5 章

乳类制品

乳类制品是以生鲜牛（羊）乳及其制品为主要原料，经杀菌、浓缩、发酵等工艺制成的供人直接食用或作为其他食品配料与原材料的产品。

乳类制品依据组织状态、理化性质、营养成分、制造工艺的不同分成七类：液态乳、乳粉、炼乳、干酪、乳脂肪、乳冰激凌和其他乳品。

液态乳分为全脂乳、脱脂乳、调制乳和发酵乳。全脂乳为乳汁经加工制成的液态产品，未脱脂；脱脂乳为乳汁经加工制成的液态产品，分离除去部分脂肪，包括半脱脂乳和全脱脂乳；调制乳包括以乳为原料，添加调味料、糖和食品强化剂等辅料制成的调味乳，以及为特殊人群制成的配方乳；发酵乳指以乳为原料，添加或不添加调味料等添加成分，接种发酵剂后经特定工艺制成的液态乳制品。

乳粉分为全脂乳粉、脱脂乳粉和调味乳粉。这 3 种产品均为粉状，其中全脂乳粉以乳为原料，不添加食品添加剂及辅料，不脱脂，经浓缩和喷雾干燥后制成；脱脂乳粉以乳为原料，不添加食品添加剂及辅料，脱脂，经浓缩和喷雾干燥后制成；调味乳粉以乳为原料，添加食品添加剂及辅料，脱脂或不脱脂，经浓缩和喷雾干燥后制成。

炼乳分为淡炼乳和甜炼乳。淡炼乳为以乳为原料，真空浓缩除去水分之后不加糖，经装罐灭菌制成的浓缩产品，质地黏稠；甜炼乳为以乳为原料，真空浓缩除去水分之后，加糖制成的浓缩产品，质地黏稠。

干酪包括天然干酪和再制干酪。天然干酪为用牛奶、奶油、部分脱脂乳或这些产品的混合物为原料，加入发酵剂与凝乳酶，乳蛋白质凝固后排出乳清，从而制成的新鲜或发酵成熟的乳制品；再制干酪为用一种或一种以上天然干酪，经粉碎、添加香料、调味料，加热熔化而等工艺制成的产品。

乳脂肪分为稀奶油、奶油和无水奶油。稀奶油为以乳为原料、离心分离出脂肪，经杀菌处理制成的产品，乳白色黏稠状，脂肪球保持完整，脂肪含量为 25% ～ 45%；奶油指以乳为原料，破坏脂肪球使脂肪聚集得到的产品，为黄色固体，脂肪含量达 80% 以上；无水奶油为以乳为原料，分离得到黄油之后除去大部分水分产品，脂肪含量不低于 98%，质地较硬。

乳冰激凌类包括乳冰激凌和乳冰等。

其他乳制品包括干酪素、乳糖、乳清粉和浓缩乳清蛋白粉等。

乳制品的主要原料为牛奶、羊奶等，主要成分为水、脂肪、磷脂、蛋白质、乳糖、无机盐等。乳制品含有几乎人体所需的全部营养素及具有保健功能的生物活性物质，营养价值丰富。乳制品的蛋白质中包含人体所需的所有必需氨基酸，且钙磷比例适当，利于钙的吸收，是人体钙的优质来源。乳制品能提高免疫力、降低胆固醇、防治动脉硬化、心血管系统疾病、抗胃溃疡等；酸乳还有延年益寿、抑制肿瘤生长的作用。

液态奶

液态奶是以生鲜牛（羊）乳为原料，经杀菌、灭菌、发酵等工艺制成的供人们直接食用的液体状产品。

液态奶按成品组成成分可分为全脂牛乳、强化牛乳、低脂牛乳、脱脂牛乳、花色牛乳等；按使用原料可分为生鲜牛奶、混合奶、还原奶、再制奶等；按加工工艺可分为巴氏杀菌奶、超巴氏杀菌奶、灭菌奶、酸奶等。

液态奶的主要原料是生鲜牛（羊）乳。液态奶的化学成分很复杂，至少有 100 多种，主要有水、脂肪、磷脂、蛋白质、乳糖、无机盐等。每 100 克牛奶约含水分 87 克，蛋白质 3.3 克，脂肪 4 克，碳水化合物 5 克，钙 120 毫克，磷 93 毫克，铁 0.2 毫克，维生素 A140 国际单位，维生素 $B_1$0.04 毫克，维生素 $B_2$0.13 毫克，烟酸 0.2 毫克，维生素 C1 毫克。可供热量 28.9 万焦耳。

液态奶容易消化吸收、物美价廉、食用方便，人称"白色血液"。液态奶中的蛋白质主要是酪蛋白、白蛋白、球蛋白、乳蛋白等，是全价蛋白质，消化率高达 98%。所含的 20 多种氨基酸中有人体必需的 8 种氨基酸。乳脂肪是高质量的脂肪，品质最好，消化率在 95% 以上，且含有大量的脂溶性维生素。奶中的糖是半乳糖和乳糖，属于容易消化吸收的糖类。奶中的矿物质和微量元素都是溶解状态，且各种矿物质的含量比例，特别是钙、磷的比例合适，容易消化吸收。

巴氏杀菌奶

巴氏杀菌奶是以生鲜牛乳或羊乳为原料，经巴氏杀菌工艺制成的液体食品。

1855 年，法国微生物学家 L. 巴斯德在研究酒类发酵时，发现了酵母菌在发酵中的作用，进而认识到细菌是引起包括牛奶在内的所有食物腐败变质的原因。随后巴斯德在 1865 年发明了后来以他名字命名的"巴氏灭菌法"，并很快被广泛应用于牛奶加工领域。先将牛奶加热到六七十度，保持半个小时，可以杀灭其中的绝大多数细菌，然后冷却到 4～5℃ 保存，即可将牛奶的保质期延长至 3～10 天，最长可达 16 天，巴氏杀菌奶由此而来。

巴氏杀菌奶的生产工艺流程为：收乳→大罐冷藏贮存→缓冲缸→净乳→标准化→巴氏杀菌→均质→冷却→灌装。

巴氏杀菌奶主要的热处理方法有 5 种，见表。

巴氏杀菌奶主要的热处理方法

杀菌方法	温度（℃）	时间
初次杀菌	63～65	15s
低温长时间巴氏杀菌	63	30min
高温短时间巴氏杀菌（牛乳）	72～75	15～20s
高温短时间巴氏杀菌（稀奶油等）	＞80	1～5s
超巴氏杀菌	125～138	2～4s

巴氏杀菌奶处理方式相对温和，既能够达到安全饮用标准，又最大限度地保留了鲜牛奶的营养和风味。

灭菌奶

灭菌奶是经特定的生产工艺完全破坏其中可生长的微生物和芽孢后的乳制品。

根据灭菌条件，可将灭菌奶分为超高温灭菌乳和保持灭菌乳。超高温灭菌乳为以生牛（羊）乳为原料，添加或不添加复原乳，在连续流动的状态下，加热到至少 132℃ 并保持 4 ～ 15 秒，再经无菌灌装等工序制成的液体产品；保持灭菌乳为以生牛（羊）乳为原料，添加或不添加复原乳，在密封容器内被加热到至少 110℃，保持 15 ～ 40 分钟，经冷却制成的液体产品。

灭菌奶的主要原料为生鲜牛乳或羊乳。由于受热时间短，灭菌奶营养物质破坏少，基本保持原有营养价值。主要成分与巴氏杀菌奶相似，主要由水、脂肪、磷脂、蛋白质、乳糖、无机盐等组成，但乳清蛋白变性率更高，氨基酸损失更多，可溶性含钙量少，维生素 B_1、B_{12} 等损失多。灭菌奶的外观及组织形态与巴氏杀菌奶基本相同。

酸　奶

酸奶是以生鲜牛（羊）乳或乳粉为原料，经杀菌、接种嗜热链球菌和保加利亚乳杆菌（德氏乳杆菌保加利亚亚种）发酵制成的产品。

酸奶作为食品至少已有 4500 多年历史。酸奶的产生可能源于偶然的机会，空气中的乳酸菌进入羊奶，使羊奶变得更为酸甜适口，这就是最早的酸奶。牧人为了能继续得到酸奶，便将其接种至煮开后冷却的新鲜羊奶中，经过一段时间的培养发酵，便获得了新的酸奶。直到 20 世纪，酸奶才逐渐成为南亚、中亚、西亚、欧洲东南部和中欧地区的食物材料。20 世纪初，俄国科学家在保加利亚分离发现了酸奶的乳酸菌，命名为"保加利亚乳杆菌"。1919 年，西班牙企业家将奶酪的生产工业化。

1969 年，日本发明了酸奶粉，饮用时只需加入适量的水，搅拌均匀即可。

酸奶品种很多，工艺略有差异。典型的传统工艺是：以生鲜牛（羊）乳和乳粉为原料，经标准化（使乳固体含量达到 13% ～ 16%）、杀菌、接种乳酸菌发酵剂后，于 43℃ 保温四小时，即凝结为酸奶。

酸奶按组织状态可分为凝固型酸奶和搅拌型酸奶两种；按脂肪含量可分为全脂酸奶、部分脱脂酸奶、脱脂酸奶；按添加辅料或不添加辅料可分为原味酸奶、调味酸奶、果料酸奶等。酸奶既保留了牛（羊）乳原有营养成分，又更易于消化吸收。牛（羊）乳经乳酸菌发酵后，蛋白质部分分解，甚至成为肽或氨基酸，可溶性氮增加，形成预备消化状态；部分脂肪受乳酸菌作用发生解离，变成机体易于吸收的状态；20% ～ 30% 的乳糖被转化为乳酸或其他有机酸，有利于钙的吸收，同时对肠道有保护作用，可以缓解乳糖不耐受程度。

圣代酸奶

圣代酸奶是在冰激凌上面点缀果酱、糖浆、糖霜、打发奶油、樱桃或其他水果制成的甜点产品，简称圣代。

圣代一般以原料命名，如巧克力圣代、菠萝圣代、什锦水果圣代、草莓圣代、樱桃圣代、水蜜桃圣代等；也可以地域命名，如夏威夷圣代等。

圣代酸奶有英式和法式两种：①英式圣代，冰激凌平放在玻璃杯或玻璃碟中，加新鲜果品和鲜奶油、红绿樱桃、华夫饼干制成。②法式圣代，一般用桶型高脚玻璃杯作为容器，除英式的材料外，还加入红酒或糖浆制成。

乳　粉

乳粉是以生牛（羊）乳为原料，经加工制成的粉状食品，是一种营养价值高、储藏期长、方便运输的产品。

根据所用原料、原料处理及加工方式的不同，乳粉主要有全脂乳粉、脱脂乳粉、加糖乳粉、风味乳粉、功能性乳粉、婴幼儿乳粉、配方乳粉等几类。全脂乳粉是以鲜乳为原料，直接加工而成；脱脂奶粉是将鲜乳中的脂肪分离除去后用脱脂乳干燥而成；加糖奶粉是在乳原料中添加一定比例的蔗糖或乳糖后干燥加工而成；风味乳粉是在鲜乳原料中或乳粉中配以各种风味物质加工而成；功能性乳粉是指在乳粉中添加一定比例的功能活性因子经干燥后加工而成的能够调节人体生理机能、不以治疗疾病为目的、适宜特定人群食用的一类乳粉；婴幼儿乳粉是根据不同生长时期婴幼儿的营养需要进行设计的，以乳粉、乳清粉、大豆、饴糖等为主要原料，加入适量的维生素和矿物质以及其他营养物质，经加工后制成的粉状食品；配方乳粉是以新鲜牛（羊）乳为主要原料，添加其他营养素或风味物质，改变牛（羊）乳的营养成分构成或风味，以适合不同营养需要人群或不同口味消费者需要的乳粉。

乳粉生产工艺流程如图所示。标准化一般是对脂肪的含量进行调整。杀菌是将均质化后的原乳用热交换器进行杀菌冷却至 4 ~ 6℃。原料乳在干燥之前要经真空浓缩除去乳中 70% ~ 80% 的水分，有利于干燥。浓缩后的乳送入保温罐后，立即进行喷雾干燥。喷雾干燥后，立即将乳粉送至干燥室外冷却，包装后即为成品。

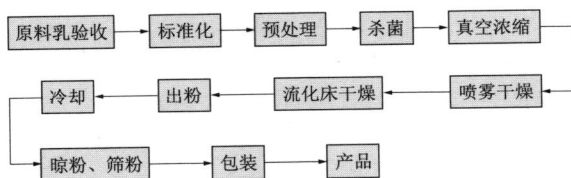

原料乳验收 → 标准化 → 预处理 → 杀菌 → 真空浓缩 →

冷却 ← 出粉 ← 流化床干燥 ← 喷雾干燥 ←

晾粉、筛粉 → 包装 → 产品

乳粉生产工艺流程

炼 乳

炼乳是原料乳经真空浓缩除去大部分水分后的半液体状乳制品。

炼乳分为淡炼乳、甜炼乳和调制炼乳。淡炼乳为黏稠状产品，以生乳和（或）乳制品为原料加工制成，添加或不添加食品添加剂和营养强化剂。甜炼乳为黏稠状产品，以生乳和（或）乳制品、食糖为原料加工制成，添加或不添加食品添加剂和营养强化剂。调制炼乳为黏稠状产品，以生乳和（或）乳制品为主料加工制成，添加或不添加食糖、食品添加剂和营养强化剂，添加辅料。

生产炼乳时，原料乳的标准化主要是脂肪的标准化，一般加糖

62.5% ～ 64.5%，在炼乳的生产中主要采用真空浓缩，即减压加热蒸发。合适的冷却条件可防止甜炼乳变稠、褐变、控制乳糖结晶，赋予产品良好的组织状态和稳定性。淡炼乳当日装罐需冷却到 10℃ 以下。

干　酪

干酪是在乳中加入适量的乳酸菌发酵剂和凝乳酶，使蛋白质凝固后，排除乳清，将凝块压成块状而制成的产品。

干酪是一种古老食品，根据记载，在罗马帝国时期干酪生产已是一种成熟的行业。中世纪后期到 19 世纪后期，干酪制作在欧洲各国继续发展，且各具特色。1815 年，第一家干酪生产工厂在瑞士诞生，但干酪真正大规模生产是在美国。20 世纪 60 年代凝乳酶大规模批量生产，到凝乳酶的微生物纯培养生产，意味着干酪将更加规范地大规模生产。

干酪有多种口味、质地和形式。世界上干酪种类有 800 多种，主要分布在欧洲、美洲和大洋洲的澳大利亚、新西兰等国家和地区。根据水分含量可将其分为硬质（水分含量 30% ～ 50%）、半硬质（水分含量 40% ～ 50%）、软质（水分含量 50% ～ 70%）和特软干酪（水分含量 80%）4 种。制成后未经过发酵的称新鲜干酪；经发酵成熟而制成的称成熟干酪，这两种干酪统称天然干酪。用一种或一种以上的天然干酪，经粉碎，添加香料、调味料，加热熔化而制成的产品称为再制干酪。也可依据其成熟的特征或干物质中的脂肪含量来分类。

干酪的主要原料是乳，通常以奶牛、水牛、山羊或绵羊为乳源。干酪可将原料乳中的蛋白质和脂肪浓缩10倍，营养丰富。干酪中还含有糖类、有机酸、钙、磷、钠、钾、镁等微量矿物元素，铁、锌以及脂溶性维生素A、胡萝卜素和多种水溶性的B族维生素（如烟酸、泛酸）、生物素等多种营养成分，这些成分具有多种重要的生理功能。干酪中的蛋白质发酵后，经凝乳酶及微生物中蛋白酶的分解作用，变成氨基酸、肽及胨等，容易消化吸收。干酪生产过程中，大多数乳糖随乳清排出，余下的变成乳酸，故奶酪是乳糖不耐症和糖尿病患者可选营养食品之一。干酪是补钙的最佳食品之一，丰富的钙、磷等可以保护牙齿的珐琅质，帮助预防蛀牙。

奶　片

　　奶片是以液态奶、乳粉为主要原料，适当添加其他营养性辅料，混合压制成的片状乳制品，又称干吃奶粉或鲜奶干吃片。

　　奶片通过添加辅料，强化了营养素，富含蛋白质、乳脂肪、矿物质、维生素等营养成分，属于休闲食品。具有贮存、食用及携带方便的特点。奶片也衍生出纯鲜牛奶片、豆奶片、多维奶片等多个系列，以及清凉型、浓香型、果味型等不同口味。随着人们对益生菌保健功能的逐步认识，益生菌奶片逐渐成为国内的热点产品。但是中国针对奶片产品还没有统一的国家标准，奶片生产工艺较为单一，配方也无固定模式，其硬度、黏度、口感、甜味等指标也视消费者喜好或工艺需要而定，导致成品奶片质量参差不齐，影响了奶片产品的口碑及销量。未来应改进奶片的配料以增进口味多样化，设置生产标准，调整产品质量，优化生产工艺。

第 6 章

其他休闲食品

薯类休闲食品

薯类休闲食品是以薯类（一般多用马铃薯）为原料生产的供人们闲暇、休息时吃的食品。根据产品形式和加工工艺可分为油炸薯片、复合薯片、速冻薯条和土豆泥等。

①油炸薯片。由马铃薯薄片经油炸至脆口状态，并加以调味制成的食品。油炸薯片既保留了新鲜马铃薯中的各种营养成分，又在油炸过程中加入了维生素 A、氨基酸和多种矿物质，产品营养丰富，味道鲜美，口感酥脆，经过包装后更是卫生方便。②复合薯片。以马铃薯全粉、马铃薯淀粉和谷粉为主要原料，经复合油炸而成的一种圆形薄片状休闲食品。复合薯片具有天然马铃薯特有的清香，口味独特，香脆可口，无油腻感；采用复合罐装，保质期长，携带方便，可分批取食。复合马铃薯片由美国宝洁公司首创。③速冻薯条。以马铃薯为原料，切成条状后，经过适当的工艺速冻而成的食品。速冻薯条是马铃薯加工的主要产品，是美式快餐的主要食品形式之一。④土豆泥。以马铃薯雪花粉和马铃薯淀粉为原料，添加各种辅料和调料，搅拌均匀后包装制成的食品。

薯类休闲食品几乎保持了新鲜马铃薯的全部营养成分，具有味美、食用方便等特点。

谷物类休闲食品

谷物类休闲食品是以谷物为主要原料，采用合理的生产工艺加工制成的供人们闲暇、休息时食用的食品。

谷物类休闲食品按照加工工艺主要分为焙烤类产品、油炸类产品、挤压膨化类产品 3 大类。其中焙烤类产品包括面包型、蛋糕型、饼干型和糕点型（狭义）等；油炸类产品，包括方便面类、锅巴类和糕点类（酥饼、点心）等；挤压膨化类产品，包括虾条类、薯棒类等。

谷物类食品原料充足且获取方便，加工工艺成熟，可作为休闲食品，也可替代主食充饥。

小麦休闲食品

小麦休闲食品是以小麦为主要原料，采用合理的生产工艺加工制成的供人们闲暇、休息时所吃的食品。属于快速消费品。根据加工工艺，小麦休闲食品可分为烘焙类（如饼干等）和膨化类（如膨化小麦等）。

小麦不仅营养丰富，更具有其他谷物难以比拟的加工优势。面团具有良好的加工操作性、蒸烤胀发性、成品保藏性和食用方便性；小麦粉特有的面筋成分，使得小麦食品可以加工成花样繁多、风格各异的形式。

大米休闲食品

大米休闲食品是以大米为主要原料，采用合理的生产工艺加工制成的供人们闲暇、休息时所吃的食品。

根据产品形式，可将大米休闲食品划分为方便型、糕点型、饮料型、米糖型和膨化型。①方便型。如方便米片、方便米剂、方便米粥、方便米面等。②糕点型。如大米糕点、大米饼干等。可保持大米原营养成分。③饮料型。以大米为主要原料制成的各种饮料，如以大米制成的乳酸饮料等。含有人体必需的氨基酸，营养价值高，并能配制各种风味的饮料。④米糖型。如米糖、饴糖等。⑤膨化型。如米饼、爆米花等。

小米休闲食品

小米休闲食品是以小米为原料生产的供人们闲暇时所吃的食品，如小米威化饼干、膨化小米锅巴等。①小米威化饼干。以小米粉为主要原料，经打浆、烘烤而成并含有夹心的威化饼干。②膨化小米锅巴。以小米粉为主要原料，加入淀粉、奶粉和调味料，经膨化过程，然后油炸而成。特点是体积膨松、口感松脆、风味独特。

玉米休闲食品

玉米休闲食品是以玉米为主要原料，采用膨化、压制、蒸煮、发酵等生产工艺加工制成的供人们闲暇、休息时食用的食品。主要包括玉米膨化食品、玉米片、甜玉米、玉米啤酒等。①玉米膨化食品，是 20 世纪 70 年代以来兴起的方便食品，具有疏松多孔、结构均匀、质地柔软的特点，色、香、味俱全，膨化加工过程还可提高消化率。②玉米片是一种快餐食品，便于携带，保存时间长，既可用水、奶、汤冲泡后直接食用，又可用于制作其他食品。③甜玉米可充当蔬菜或鲜食，包括整穗速冻甜玉米、籽粒速冻甜玉米和甜玉米罐头。④玉米酒。玉米中蛋白质含量与稻米接近而低于大麦，淀粉含量与稻米接近而高于大麦，是比较理想的啤酒生产原料。玉米酒外观呈黄色，澄清透明，无杂质异物，酒味醇香，味道甘甜。

沙琪玛

沙琪玛是一种方块状的中国传统油炸类糕点，因整体呈金黄色，又称金丝糕。沙琪玛在《清文鉴》中译为"糖缠"，也写作"萨其马""沙其马""沙其玛""萨齐马"等。

沙琪玛是一种源于满族的中国特色糕点，由满族人引入北京，是清朝三陵祭祀的祭品之一。《燕京岁时记》中写道："萨其马乃满洲饽饽，以冰糖、奶油合白面为之，形状如糯米，用不灰木烘炉烤熟，遂成方块，甜腻可食。"据《光绪顺天府志》记载："赛利马为喇嘛点心，今市肆为之，用面杂以果品，和糖及猪油蒸成，味极美。"清道光二十八年（1848）的《马神庙糖饼行行规碑》也写道："乃旗民僧道所必用。喜筵桌张，凡冠婚丧祭而不可无。"

制作沙琪玛所用原料有精面粉、干面、鸡蛋花、蜂蜜、生油、白砂糖、金糕、饴糖、葡萄干、青梅、瓜仁、芝麻仁、桂花等。

沙琪玛的制作工艺包括和面、制条、炸制、熬浆和成形等工序。①鸡蛋加水搅打均匀，加入面粉，揉成面团。面团静置半小时后，用刀切成薄片，再切成小细条，筛掉浮面。②花生油烧至120℃，放入细条面，炸至黄白色时捞出沥净油。③将砂糖和水放入锅中烧开，加入饴糖、蜂蜜和桂花熬制到117℃左右，可用手指拔出单丝，即表明熬制合格。④将炸好的细条面拌上一层糖浆，框内铺上一层芝麻仁，将面条倒入木框铺平，撒上一些果料，然后用刀切成形，晾凉。⑤锅内花生油用微火烧至八成热，将卷圈下入油锅中炸约1分钟，待其呈金黄色时捞出即成。

沙琪玛表面上浆光亮，色泽均匀一致，口味松酥绵软，油而不腻，香甜利口。随着科学技术的提高，沙琪玛已基本实现半机械化和机械化生产，开发了低糖和无蔗糖产品，包装由过去的一律散装，变为卫生、方便、美观的单块包装或礼品化包装。

绿豆糕

绿豆糕是中国传统糕点产品，其主要原料为绿豆。

从用料上讲，绿豆糕有南、北之分。南式绿豆糕重油、重糖，适合于初夏，包括苏式和扬式。北式绿豆糕全无油分，清凉爽口，适合于整个夏季。从口味上分，绿豆糕可分为荤（用荤油）、素两种。从辅料上分，可分为夹馅绿豆糕和清水绿豆糕。

制作绿豆糕所用原料包括绿豆粉、糕粉、糖、豆沙、糖桂花等，也可根据需要加入一定量的食用油。

绿豆糕的制作过程主要包括配料、调粉、成形、蒸制、冷却、成品包装等工序。①加工绿豆粉。将绿豆洗干净放入沸水中煮半熟，捞起晒干，炒熟后去皮研成细粉，收起备用。②糕粉调制。将绿豆粉、糕粉、糖等混合，充分搅拌均匀，用粗筛过筛成糕料。③成形。将糕粉筛入模具中，如有馅料，可在糕粉中间加入，按实。④蒸制。将装有糕粉的模具放入笼内蒸 20 分钟，待糕质有黏性成块即成。

绿豆糕呈绿黄色，组织细腻，软韧香甜爽口，营养丰富，入口有绿豆清香，甘凉爽口，是中国夏季很受欢迎的食物。

糖制休闲食品

糖制休闲食品是将果蔬原料或半成品经预处理后，利用食糖的保藏作用，通过加糖浓缩，将固形物浓度提高到 65% 左右得到的加工品。

糖制休闲食品主要有以下品种：①蜜饯类。此类食品保持了果实或果块一定的形状，一般为高糖食品。成品含水量 20% 以上的称蜜饯，含水量 20% 以下的称果脯。②干态蜜饯（果脯）。果脯糖制后，再晾干或烘干的制品。如苹果脯、桃脯等。③糖衣蜜饯（返砂蜜饯）。制作干态蜜饯时，为改进产品外观，在其表面蘸敷一层透明胶膜或干燥结晶的糖衣的制品。如橘饼、冬瓜糖等。④糖渍蜜饯。糖制后不再烘干或晾干，成品表面附一层浓糖汁，成半干性制品。或将糖制品直接保存在浓糖液中，如糖青梅、糖柠檬等。⑤加料蜜饯（凉果）。制品不经过蒸煮等加热过程，直接以干鲜果品或果坯拌以辅料后晾晒而成。如话梅、嘉应子等。⑥果酱类。由果肉加糖煮制成一定稠度的酱状产品，但酱体中仍能见到不完整的肉质片、块。不保持果蔬原来的形态，一般为高糖高酸食品。⑦果泥。由筛滤后的果浆加糖制成稠度较大且质地细腻均匀的半固态制品。制成具有一定稠度，且质地均匀一致的酱体时，通常称为"沙司"。⑧果丹皮。由果泥进一步干燥脱水而制成呈柔软薄片的制品。⑨果冻。由果汁加糖浓缩，冷却后呈半透明的凝胶状制品。如果在制果冻的原料中再加入少量的橙皮条（或橘皮片）浓缩，冷却后这些条片较均匀地散布于果浆中，制品通常称为"马茉兰"。⑩果糕。果实煮烂，除去粗硬部分，加入糖、酸、蛋白质等混匀，调成糊状，倒入容器中冷却成型，或经烘干制成松软而多孔的制品。

糖制休闲食品原料广泛，绝大部分果蔬都可以用作糖制原料，一些残次落果和食品加工过程中的废料，也可以加工成各种糖制品。

糖　果

糖果是以砂糖、糖浆或准许使用的甜味剂为主要原料制成的固体甜味食品。

◆ 分类

根据辅料、工艺和口味特点，糖果可分为硬质糖果、硬质夹心糖果、乳脂糖果、凝胶糖果、抛光糖果、胶基糖果、充气糖果和压片糖果。

◆ 原料

制作糖果的原料主要有砂糖和糖浆。

砂糖

砂糖是蔗糖的俗称，是各种糖果的甜源。砂糖是斜晶系的结晶体，外观为近似方形的白色颗粒。一般砂糖的纯度在99.7%以上。砂糖内蔗糖含量越高越好。纯度高的砂糖在经高温熬煮时变化较小。

糖浆

糖浆是制造糖果的另一种甜味料。糖浆又可分为饴糖、淀粉糖浆、转化糖浆、高麦芽糖浆和糖醇等。①饴糖。利用大麦发芽后产生的麦芽酶将蒸熟的米类淀粉糖化分解，经浓缩制成的一种浅棕色、半透明、甜味温和的黏稠液体。②淀粉糖浆。又称葡萄糖浆、液体葡萄糖、化学糖稀等。是制造糖果的另一种重要甜味料。淀粉糖浆是淀粉加酸或酶经不同程度水解所得产物的混合物，含有糊精、低聚糖、麦芽糖和葡萄糖。由于淀粉原料的性质、水解条件不尽相同，淀粉糖浆中所含上述四种糖的比例不可能完全一致。这些成分的特点是黏度大、甜度低、不结晶或难于结晶。③转化糖浆。蔗糖在酸或酶的作用下水解为等量的葡萄糖和果糖。等量葡萄糖和果糖的混合物称转化糖浆。转化糖浆呈浅黄色，储存期间色泽会进一步加深。风味近似蜂蜜，具有较高的溶解度和吸水性，黏度低。④高麦芽糖浆。用酸－酶或酶－酶双重转化法水解淀粉得到的产品。高麦芽糖浆的主要组成是麦芽糖和麦芽糖多聚体。⑤糖醇。一种多元醇，可由相应的糖还原生成糖醇。糖醇不导致龋齿，热量低，不被胃酶分解，在肠中滞留时间比葡萄糖长，具有通便作用，不会引起血糖值上升，是糖果行业用于代替砂糖生产无糖糖果的重要原料。

◆ **工艺**

糖果的工艺模式都以砂糖和糖浆这两类甜味料的物理化学特性为技术基础，各类糖果熬煮浓缩过程的工艺原理相同。以硬糖为例，其工艺流程依次为配料、溶糖、熬煮、冷却、调和、成型和包装。

配料

配料，即将所用原料按一定比例称重，待用。

溶糖

溶糖，即加适量的水，使砂糖迅速溶化，并与糖浆均匀混合。加水量通常为配方物料总固形物的 30% ～ 35%。

熬煮

熬煮是硬糖工艺的关键工序，目的是使糖溶液中的水分蒸发。熬糖有三种方法：①常压熬糖。一般用铜锅明火加热。这种方法由于熬煮温度高，一部分蔗糖转化并进一步分解，导致颜色加深。②真空熬糖。可以降低糖液的沸点，减少蔗糖的分解和转化。产品色泽浅，风味好。③连续真空薄膜熬糖。连续瞬时熬糖使转化糖生成量少，生产效率与产品质量高于前两种方法。

冷却和调和

冷却方式有手工冷却和机械连续自动冷却两种。不论何种方式冷却，都是将糖膏冷却到一定程度，尚保持流动状态时，添加适量香精、色素和调味料，经多次翻转折叠，使物料均匀混合。

成型

成型方式有两种：①成型机（冲压或滚压）成型。经调和冷却后的糖膏温度在 75 ～ 85℃，呈半固体状态，并具有可塑性，可用连续化成型机制成硬糖。②浇注成型。熬煮后的糖膏经混合后直接浇注入模具，经冷却脱模为硬糖。

包装

糖果包装除具有一般商品的包装作用外，尤其要考虑到防止糖果从空气中吸水潮解或结晶。

饴 糖

饴糖是淀粉质原料经 α 淀粉酶液化、麦芽（或 β 淀粉酶、真菌淀粉酶）糖化制得的麦芽糖饴。

传统的饴糖生产原料为大米、麦芽浆。大米加水蒸熟成饭，拌入麦芽浆，利用麦芽本身含有淀粉酶在 50 ～ 60℃ 糖化生成以麦芽糖为主要成分的混合糖浆，经过滤、煎熬、浓缩而成。

饴糖中一般含麦芽糖 40% ～ 50%，糊精 25% ～ 30%，葡萄糖 5% 左右，其余为低聚糖。饴糖的外观颜色为淡黄色至棕色，具有麦芽饴糖的正常气味，甜味温和，是食品加工中使用最广泛的淀粉糖之一。

巧克力

巧克力是以可可制品（可可脂、可可液块、可可粉）、砂糖为主要原料，添加或不添加乳制品、食品添加剂，经混合、研磨、精炼、调温、成形等工艺制成的食品。又称朱古力。

巧克力是英文 chocolate 的音译。巧克力具有与一般糖果相似的化学组成，有甜的基体——糖果的特征。巧克力的制造工艺均离不开占配料 30% 以上的可可脂的相变（固相和液相相互转变）性。可可脂对热比较敏感，当外界温度超过可可脂的熔点，物料熔化，随着温度的上升变得稀薄；低于可可脂的熔点，物料变稠厚，凝结成固体。

◆ **特点**

巧克力具有光亮的外观和香醇甜美、柔滑细腻的口感，能量密集浓缩，风味独特，且含有比较丰富的矿物质，如镁、铜、铁、锌等，是一种理想的能量补充品。

◆ **原料**

制作巧克力的原料主要包括可可脂、可可液块和可可粉。①可可脂。可可豆中的脂肪。②可可液块。可可豆经焙炒去壳后，豆肉经研磨制成可可液块。③可可粉。可可液块经压榨除去部分可可脂即得可可饼，再将可可饼粉碎，过筛后得到的棕红色粉状物。

◆ **种类**

巧克力按加工工艺和原料组成分为巧克力和巧克力制品两类。巧克力按主要原料配比可分为 3 类：①黑巧克力。呈棕褐色或棕黑色，具有可可苦味的巧克力。②牛奶巧克力。添加乳制品，呈棕色和浅棕色，具有可可和乳香味的巧克力。③白巧克力。不添加非脂可可物质（如可可粉、可可液块）的巧克力。

◆ 代用材料

由于可可产量有限，不能满足巧克力生产发展的需要，针对可可脂的特性，研究开发出了类可可脂和代可可脂，用以部分代替可可脂或全部代替可可脂生产代脂巧克力。①类可可脂。以植物油脂为原料，经特殊工艺制成。它的物理性质、化学结构与可可脂相似，并与可可脂有很好的混溶性。②代可可脂。植物油经氢化、分提制成。它的物理性质与可可脂相似，但化学结构完全不同，不能与可可脂混溶。

◆ 趋势

未来，巧克力生产发展的趋势是：①发展巧克力制品，如夹心巧克力、谷物巧克力等。②向相关行业延伸，如焙烤食品、冰激凌行业等。③功能保健化，向低糖、无糖、低脂化发展。

第 7 章

饮料

饮料是以水、粮食、果蔬或奶等为基本原料加工而成的流体或半流体食品，又称软饮料。

中国饮料加工业将产品分为十大类，即碳酸饮料类、果汁（浆）及果汁饮料类、蔬菜汁及蔬菜汁饮料类、含乳饮料类、植物蛋白饮料类、瓶装饮用水类、茶饮料类、固体饮料类、特殊用途饮料类和其他饮料类。其中，瓶装饮用水类、碳酸饮料类、茶饮料类、果汁（浆）及果汁饮料类占饮料总产量的 85% 以上。饮料也可按饮用用途分为清凉饮料、营养饮料、嗜好饮料、功能饮料等；按加工程度分为成品饮料和半成品饮料，如浓缩果蔬汁属半成品饮料；按形态分为液态饮料和固态饮料。

◆ **原材料**

饮料的主要原料有水、水果、蔬菜、牛乳、富含植物蛋白的植物原料、茶叶、咖啡、可可等，主要辅料和添加剂有糖、甜味剂、酸味剂、乳化剂、增稠剂、抗氧化剂、营养强化剂、着色剂、防腐剂、香精香料等。

水是饮料生产的重要原料。饮料生产用水主要来源于城市的工业供水或地下矿泉水，井水已逐渐退出。影响饮料生产质量的水的指标主要有硬度、色度、碱度、浊度、铁锰含量、余氯、有机物、溶解氧、微生物等，饮料生产用水至少要达到城镇生活饮用水标准。饮料企业水处理方法多采用澄清净化、软化、消毒、杀菌等，采用的工艺主要有凝聚沉淀、过滤、离子交换、电渗析、反渗透、曝气等。

水果、蔬菜、茶叶及富含植物蛋白的植物原料等农副产品是饮料生产的重要原料，对产品质量起决定作用。这些原料的品种适用性、质量安全性制约工业化加工，特别是在农药残留和重金属含量等方面。

添加剂对提高饮料的色香味、感官性状及内在质量有重要作用，国家对添加剂的使用制定了标准，要求在饮料标签上标明添加剂的使用情况。甜味剂可部分替代糖，在满足口味需求的同时，可用于低热量饮料以满足减少热量吸收的生理需求，但有些甜味剂受时间、温度、pH 等因素的作用而影响其稳定性和口感。酸味剂主要用于调整饮料的甜酸比，可使饮料产生清凉、爽快的感觉，此外还有调整 pH、抑制褐变和微生物生长等作用。乳化剂、增稠剂主要用于保持饮料良好的感官性状，使不分层、不沉淀，或增加黏度和润滑感。营养强化剂满足饮料消费的部分特殊营养需求，常用作强化剂的有维生素类、氨基酸类、矿物质类、膳食纤维类等。着色剂的主要目的是改善饮料的颜色。防腐剂主要用于饮料生产和保存过程中对微生物的杀灭和抑制，以延长饮料的保质期。香精香料也是构成饮料色香味的重要组成部分。

◆ 包装

饮料的包装主要有玻璃瓶、塑料瓶、金属两片和三片易拉罐、复合纸盒等，也有少量的塑料袋、铝箔袋。饮料的包装主要受产品生产工艺和消费需求影响。冷灌装工艺可采用任何包装；热灌装工艺只能采用耐热性的包装；无菌灌装工艺只能采用气密性非常好的包装；作为饮料半成品的浓缩果蔬汁则需采用大的无菌铝箔袋、冷冻或冷藏大桶。

◆ 技术

新设备、新工艺、新材料、新的原辅料及添加剂推动了饮料产业的发展，塑料瓶热灌装、无菌灌装、膜分离、微胶囊等已在饮料生产中得到广泛应用。膜分离技术的具体方法有透析、电渗析、微滤、超滤和反渗透，这些方法广泛用于水的处理。超滤和反渗透用于果汁的浓缩和澄清时，能避免饮料在加工受热过程中发生风味、色泽及组织状态的质变。纸塑复合包装使饮料易于无菌灌装，免除后杀菌及日照对风味、色泽和组织状态的影响。塑料瓶热灌装使饮料免除后杀菌工艺，同时保留饮料可视性好的特点；塑料瓶无菌灌装进一步减小饮料的受热强度，满足消费者对天然饮料消费的需求。国际上正在研究受热程度更低的冷灌装高压杀菌技术。

◆ 管理

对饮料生产过程进行质量管理尤为重要。质量管理的目标是预防产品感官、理化、微生物指标超标，特别是病原性细菌类的生物性指标和农药残留类的化学性指标超标；质量控制的环节有原辅料、设备、工艺参数、包装、生产环境等；质量管理的主要方法是依据企业的实际情况和产品的 pH 等特性，确定关键控制点，建立有效的质量管理制度并严格实施。

发酵饮料

发酵饮料是以蜂蜜、水果、奶粉等为原料，添加（或不添加）糖、食用酸及食品添加剂，经酵母菌、乳酸菌或其他国家允许使用的菌种发酵后调制而成的产品。一般分为酵母菌发酵饮料和乳酸菌发酵饮料等。

不同发酵饮料使用的发酵微生物不同，常用的发酵微生物有乳酸菌、醋酸菌、酵母菌、食用菌和藻类等。按使用的发酵微生物可将发酵饮料分为乳酸菌发酵饮料、醋酸菌发酵饮料、酵母菌发酵饮料和共生发酵饮料。①乳酸菌发酵饮料。由乳酸菌参与发酵作用而生成的饮料，是发酵饮料家族中的最大成员。酸奶、酸豆奶等均属此类。②醋酸菌发酵饮料。由醋酸菌参与发酵作用制成的饮料。如果汁醋酸饮料、蜂蜜发酵饮料等。③酵母菌发酵饮料。由酵母菌参与发酵作用制成的饮料，如麦芽汁发酵饮料、啤酒等。④共生发酵饮料。由两种或两种以上的微生物共同参与发酵作用制成的饮料，如格瓦斯、奶酒等。

按原料种类可将发酵饮料分为蛋白发酵饮料、果蔬汁发酵饮料、谷物发酵饮料和其他发酵饮料。①蛋白发酵饮料。原料含有丰富的蛋白质，蛋白质也是微生物作用的主要对象。按蛋白质的属性不同，又可分为动物蛋白发酵饮料（如酸奶）和植物蛋白发酵饮料（如酸豆奶、酸花生奶）等。②果蔬汁发酵饮料。原料主要是果汁和蔬菜汁。按原料品种又可分为果汁发酵饮料（如草莓发酵饮料）和蔬菜汁发酵饮料（如南瓜发酵饮料）等。③谷物发酵饮料。以谷物为原料，利用其中的淀粉进行发酵，如各种格瓦斯。④其他发酵饮料。采用除上述原料之外的原料（如蜂蜜、中草药等）发酵制成的饮料。

格瓦斯

格瓦斯是以面包屑（小麦、黑麦、大麦面包等）为主要原料，经乳酸菌和酵母共同发酵制成的饮料。

格瓦斯起源于俄国，盛行于俄罗斯、乌克兰等东欧国家与地区。Kwass 一词来源于原始印欧语系词根 *kwat-，意为"酸的"。格瓦斯含蛋白质、丰富的维生素（如维生素 B_1、维生素 B_2、维生素 C 和维生素 D 等）、有机酸、益生菌和二氧化碳，并具有面包的香气和发酵醇香，酒精含量 0.05% ～ 1%。清凉杀口、多汽多沫，是介于啤酒与汽水之间的一种清凉饮料。

1997 年哈尔滨红玫瑰饮料厂的老哈牌格瓦斯面市，生产工艺流程为：格瓦斯面包→浸提液→酵母菌＋乳酸菌→发酵→过滤→配料→汽水混合→包装。

2010 年秋林格瓦斯恢复生产，通过选育新菌株，利用多菌株共生发酵，生产工艺流程为：传统面包→二次烤焙→粉碎→浸提液→糖化→酵母菌＋乳酸菌→发酵→配料→过滤→杀菌→包装。

格瓦斯

马奶酒

　　马奶酒是中国蒙古族、哈萨克族、柯尔克孜族等民族的传统饮料，又称乳酒，蒙古语称"乞戈"或"艾日戈"。

　　早在成吉思汗第十世祖孛端察儿时代（约 10 世纪前半叶）即已出现，称为"额速克"或"忽迷思"。13 世纪时，中外旅行家对其制法均有记述。据《黑鞑事略》载，将马奶贮于革器，搅撞数日，味微酸，便可饮用。它通常色白而浊，味酸而膻，若延长搅动时间，则色清而味甜。有搅动七八日以上的。马奶酒可以久存，适于牧民远出放牧时饮用。中

牧民在手工酿造马奶酒

国汉代时，马奶酒在匈奴人中已得到普遍饮用并传入内地。

　　马奶酒的做法：初夏时，将新鲜马奶灌进皮囊，不停地摇动一段时间，放入酒酵母，置于保温处。数日后乳脂分离，发酵成酒，成为半透明状液体时即可饮用。用乳糖发酵而成的马奶酒呈黏稠状雪白液体。现代的马奶酒酿制工艺日益完善，出现蒸馏法。自然发酵的马奶酒度数不高，以蒸馏法制成的浓度高，酒劲大，以六蒸六酿者为上品。

　　马奶酒微酸，清凉适口，是蒙古族、哈萨克族等民族接待宾朋和夏季的必备饮料。它性温，能驱寒、舒筋、活血、健胃、强骨。传统蒙古族医学用它治疗高血压、糖尿病、肠胃病等，并逐渐形成马奶酒饮疗法。

共生发酵饮料

共生发酵饮料是由两种或两种以上不同品种的微生物共同发酵制成的饮料，如格瓦斯、奶酒等。

该类饮料以麦芽汁为原料，利用酵母菌和乳酸菌进行乙醇发酵和乳酸发酵，酿制而成。风味独特、营养健康。具体操作：

麦芽汁类原料用重碳酸钙类碱性物质调 pH 值为 6.3，加热到 95℃灭菌后，冷却到适当温度，接种预先培养的酵母和乳酸菌进行共生发酵。酵母和乳酸菌的添加量取决于各种菌的性质、活性和对发酵液质量的要求。一般情况下，接种后要使基质的细胞数达到 $1\times10^5 \sim 5\times10^6$ 个／毫升。发酵温度为 25 ～ 40℃。发酵温度低，共生发酵的时间长；发酵温度高，发酵液的香味又不太好。发酵时间为 20 ～ 35 小时。发酵液的质量为：pH 值 4.0 ～ 5.0，酒精含量为 0.5% ～ 1.0%，乳酸 100 ～ 500 毫克（W/V，滴定酸度按乳酸计）。这种含菌体的发酵液，可以直接产品化，亦可除去菌体后再产品化，还可经浓缩干燥后再产品化。

乳酸菌发酵饮料

乳酸菌发酵饮料是以牛奶、豆奶、花生奶、果汁、蔬菜汁等为原料，经乳酸菌发酵后调制而成的发酵饮料。

乳酸菌发酵饮料种类繁多，根据浓度可分为浓缩型乳酸菌发酵饮料和稀释型乳酸菌发酵饮料；根据是否杀菌，可分为活性乳酸菌发酵饮料和非活性乳酸菌发酵饮料。添加果汁或其他调味料又可生产出多种风味的乳酸菌发酵饮料。发酵菌种主要为保加利亚乳杆菌、嗜热链球菌、双歧杆菌、嗜酸乳杆菌。

原料经过乳酸菌发酵后，可产生有机酸、多酚类化合物及其他抗氧化物质，从而提高饮料的营养价值。有机酸可促进肠道蠕动，提高人体对各种营养物质的吸收利用率，对致病菌有拮抗作用。乳酸菌发酵后，饮料中的醇类、酮类以及萜类等风味物质增多，调节了饮料本身的酸度，改善了饮料的风味，还可延长饮料的保存期。

乳酸菌发酵饮料与酸乳（酸奶）的不同点在于，乳酸菌发酵饮料的乳固体含量较低，呈液体状，乳酸菌数量较少。

酸豆奶

酸豆奶是以豆浆为原料，添加或不添加发酵促进剂（牛奶或可供乳酸菌利用的糖类），经乳酸菌发酵制成的发酵豆制品。

酸豆奶营养丰富，含有 18 种氨基酸及丰富的钙、铁、锌等营养素。经过益生菌发酵，豆浆中的植酸含量降低了 50%，低聚糖、脂肪氧化酶等大豆抗营养因子被乳酸菌产生的蛋白酶分解，从而提高了产品中铁、锌、钙等营养素的生物利用率。大豆蛋白经水解后转变成小分子短肽，更易被人体消化吸收。活性乳酸菌及其代谢产物能有效抑制人体肠道内有害菌的生长，可辅助治疗肠道有害菌引起的疾病，提高人体免疫力，增强抗病能力，降低血清中胆固醇含量。经乳酸菌发酵后口感风味改善，豆腥味明显减弱，具有醇厚、清新的酸香味，饮用后引起的肠胀气现象明显减少。

果汁醋酸饮料

果汁醋酸饮料是选用两种或两种以上新鲜水果或浓缩果汁为基础原料，通过醋酸菌发酵产生果酸，再经调配制成的复合型饮料制品。

果汁醋酸饮料的生产工艺流程为：（新鲜水果→）浓缩果汁→稀释→调酒精度→加水定容→调整 pH →接种→醋酸发酵→加入食用酒精→发酵至工艺要求→加稀释果汁混合→继续通风→发酵→杀菌→贮存→形成发酵原液。

果汁醋酸饮料是继第一代柠檬饮料、第二代可乐型饮料、第三代乳酸饮料之后的第四代健康美容饮料。果汁醋酸饮料酸甜适口，果香浓郁，色泽鲜亮，营养丰富，除具有防暑降温、生津止渴、增进食欲、消除疲劳的作用外，还含有丰富的营养成分，具有多种医疗保健作用和美容作用。

果　醋

果醋是以水果为原料，接入乳酸菌和醋酸菌发酵制成的特殊调味品。

果醋通常采用两步式发酵，即乳酸菌将糖类转化为酒精，醋酸菌发酵酒精生产醋酸。不同果醋、不同醋酸菌的发酵工艺参数不尽相同。

果醋发酵的方法有固态发酵法、液态发酵和固－液发酵法，因水果的种类和品种不同而定。一般以梨、葡萄、桃以及沙棘等含水多、易榨汁的果实为原料时，宜选用液态发酵法；以山楂、枣等不易榨汁的果实为原料时，宜选用固态发酵法；固－液发酵法选择的果实介于前两者之间。市场上的果醋和果醋饮料有山楂醋、中华猕猴桃醋、柿子醋、麦饭石保健醋、葡萄醋、蜂蜜醋、菠萝醋、苹果醋、梨醋、黑糖醋、沙棘醋等。

发酵过程中，微生物将水果中的大部分糖转化为有机酸。水果原料中的各类维生素、矿物质、氨基酸等营养物质损失较少，保留在果醋成品内。因此果醋产品保留了水果本身的营养元素，还丰富了产品中有机酸的种类与含量。水果发酵过程中通过糖酵解产生的大量丙酮酸可在有氧条件下参与人体的柠檬酸循环，从而促进有氧代谢，加速沉积乳酸的清除，达到消除疲劳的作用。果醋中含有的锌、钾等矿物元素参与人体代谢后会生成碱性物质，有助于维持血液酸碱平衡。

果　酒

果酒是以新鲜水果或果汁为原料，经全部或部分发酵酿制而成的酒精度 7% ～ 18%（体积分数）的发酵酒。

果酒按原料水果名称命名，以区别于葡萄酒。当使用一种水果作原料时，可按该水果名称命名，如草莓酒、柑橘酒等；当使用两种或两种以上水果作原料时，可按用量比例最大的水果名称来命名。果酒是人类最早认识和制造的酒种之一。西方国家果酒比较发达，种类很多。中国由于价格较高等原因，发展较慢，产量不多。

◆ 制造方法

现代果酒的制造方法，主要有传统发酵法、发酵与浸泡结合法两种。

传统发酵法

果浆或果汁经自然酵母或人工培养酵母在一定条件下进行发酵，直至糖分耗尽而终止发酵。一般含汁多的水果均采用这种发酵法。这种方法酿造的果酒具有残糖低的干型酒特点，果香浓郁，口味醇和，酒体丰满，后味绵长。

发酵与浸泡结合法

一部分原料用发酵法取得原酒，另一部分原料用浸泡法取得原酒，然后将两种原酒加以调配而得成品。浸泡法是以稀释后的食用酒精（或其他酒）作酒基，将果实原料浸泡其中，制得原酒，此法适用于含汁较少的果实，如山楂、酸枣、红枣等。浸泡法具有操作简单、果实固有色泽和新鲜香气保持较好、成本低等优点，但酒味略欠醇厚与丰满。将两种方法结合起来，可以取长补短，这是本法的特点。如何搭配，则是工艺上的讲究。通常有三种方式。①同时用发酵法和浸泡法制取原酒，然后将两种原酒混合，在室温 15 ~ 16℃ 储存（也可分别储存一定时间后再混合）。可按产品特点，随时调整某种原酒用量。如要求果香突出，可适当加大浸泡酒用量；要求口感圆润味长，则可适当加大发酵酒用量。这种结合方法，适于制造果香、酒香兼备而成分适中的甜型、半甜型和半干型果酒。②用浸泡法制取原酒后，在果渣中兑入糖水，接入酵母进行发酵制得发酵原酒，然后将两者混合。此法特点是果香好，发酵安全，适于含汁量少的果品加工，可以制造甜型、半甜型果酒。③果实先经发酵放出原酒后，将皮渣再用浸泡法制取原酒，将两种原酒混合。此法特点是原料利用率高。

◆ **分类**

参照葡萄酒的分类方法，分为平静果酒、起泡果酒和特种果酒三类。平静果酒按糖分含量分为干型（≤ 4.0 克 / 升）、半干型（> 4.0 ～ 12.0 克 / 升）、半甜型（> 12.0 ～ 45.0 克 / 升）和甜型（> 45.0 克 / 升）果酒；起泡果酒按瓶中压力分为高起泡果酒、低起泡果酒和果汽酒。

◆ **品种**

常见的果酒有苹果酒、沙棘酒、刺梨酒、猕猴桃酒、五味子酒、黑加仑酒、红枣酒、金樱子酒、杨梅酒、山楂酒、橘子酒、酸枣酒、红豆酒、梨酒、金莓酒、柿子酒、荔枝酒、哈密瓜酒、紫梅酒等。

蜂蜜发酵饮料

蜂蜜发酵饮料是以蜂蜜为原料，先后加入酵母菌和乳酸菌，使蜂蜜中的部分糖类进行酒精发酵和醋酸发酵生成富含维生素、必需氨基酸和微量元素的发酵饮料，适合肥胖病人和糖尿病人饮用。

◆ **历史**

蜂蜜酒在中国有悠久的历史。据考证，蜂蜜酒始见于西周周幽王宫宴中，是在"猿酒"的启发下试酿成功的。到了唐代，药学家苏敬从酿造中得出了"凡作酒醴须曲，而葡萄、蜜等酒独不用曲"的自然发酵经验。宋代寇宗奭也提到过用蜂蜜酒治病。明代李时珍的《本草纲目》把蜂蜜酒列为专条，蜂蜜酒可以治风疹、风癣等疾病。清代袁枚的《随园食单》中，也谈到了蜂蜜酒的保健作用。罗马、埃及等古国在公元前 200 ～前 100 年出现了以蜂蜜为原料加入粮食或果品中酿制的混合酒，英国、波兰等国也有酿制蜂蜜酒的历史，但都远远迟于中国。

◆ **研究现状**

蜜蜂是大自然赋予人类的天然营养珍品，它具有较高的食用价值和药用价值。蜂蜜的主要成分是碳水化合物，其固形物中95% ～ 99.9%是糖类。蜂蜜所含的糖类中，葡萄糖、果糖占65% ～ 80%，蔗糖含量不超过8%，此外含有麦芽糖、蔗糖、柿子糖、甘露糖、乳糖及阿拉伯糖等。蜂蜜采用不同的酿造方法可以酿出不同甜度、不同酒度和不同风格的各种类型的蜂蜜酒。第一种类型是，蜂蜜酒只用蜂蜜酿造，未加香料，糖分控制在4%以下，称之为干酒；第二种类型是，在蜂蜜酿造的过程中采用断酿技术，使残留糖分在5%以上，称之为甜蜜酒；第三种类型是，在酿造过程中加入一定量的香料，称之为香料蜜酒；第四种类型是，加入不同种的果汁，称之为蜂蜜果汁酒。此外，酒曲不同，酿出的蜂蜜酒也各不相同，如蜂蜜香槟、蜂蜜黄酒、蜂蜜酸奶等。

蜂蜜在生物转化过程中的主要机理是：葡萄糖经磷酸化，生成活泼的1,6- 二磷酸果糖，1分子1,6- 二磷酸果糖分解为2分子磷酸丙糖，3-磷酸甘油醛转变成丙酮酸，丙酮酸脱羧生成乙醛，乙醛在乙醇脱氢酶的催化下，还原成乙醇。其转化的代谢产物，除了两种主要的终产物酒精和二氧化碳以外，还可以得到其他物质，如乙醛、丙酮酸、乙酸乙酯、柠檬酸、延胡索酸、苹果酸、甘油、乳酸、醋酸、琥珀酸等，这些物质对蜂蜜发酵制品的品质和风味常常起着决定性的作用，从而赋予了蜂蜜发酵制品优于蜂蜜的特性。

果　汁

浓缩果汁

　　浓缩果汁是采用物理分离方法从果汁中除去一定比例的天然水分后所得的，具有原料果汁特征的制品。

　　果汁浓缩方法包括真空浓缩法和冷冻浓缩法。①真空浓缩法。利用液体在低压条件下沸点降低的原理。在低温下进行，能够较好地保持果汁的品质，尽可能避免果汁的色香味受到较大的影响。②冷冻浓缩法。利用冰与水溶液之间的固液相平衡原理，将水以固态冰的形式从溶液中分离。果汁的冷冻浓缩包括 3 个过程，即果汁的冷却、冰晶的形成与扩大、固液分离。该方法在 0℃ 以下的低温进行，不会对果汁的品质造成影响，且低温下化学反应缓慢，可有效抑制微生物繁殖，是最好的果汁浓缩技术。但由于设备投资大，生产能力小，浓缩后产品浓度不高，一般只用于热敏性高、芳香物质含量多的果蔬汁（如柑橘、草莓、菠萝等的果汁）的浓缩。

　　与原汁相比，果汁浓缩后体积减小，重量减轻，可溶性固形物提高，可以显著降低产品的包装和运输费用，增加产品的保藏性，延长产品的贮藏期。浓缩果汁不仅可以作为果汁或果汁饮料生产的原料，还可以作为其他食品工业的配料，如用于果酒、奶制品、甜点的生产。

非浓缩还原汁

　　非浓缩还原汁是将新鲜原果蔬清洗后压榨出汁，经巴氏杀菌后直接灌装，不经过浓缩及复原操作的果蔬汁，又称 NFC 果汁。

20 世纪 90 年代中期，非浓缩还原汁开始流行于欧美发达国家。1997～2005 年，全球非浓缩还原汁销售量和销售额增长率分别为 68%和 64%，涨幅显著。2007 年左右，非浓缩还原汁才进入中国一线城市。

非浓缩还原汁一般较浑浊，有沉淀，不及浓缩还原汁稳定，但风味和口感比还原汁好。不同于常规果蔬汁，非浓缩还原汁不是从浓缩果汁复原而来，整个加工过程都在较低的温度下进行，故可以较大程度地保留果蔬的营养成分和风味。非浓缩还原汁营养丰富，无添加剂，对原料和加工环境要求较高，货架期也较短，适合低温保藏。

复合果汁饮料

复合果汁饮料是将两种或两种以上的果汁按一定比例混合后加入白砂糖等调制而成的制品。

复合果汁饮料按形态可分为浑浊复合果汁饮料和澄清复合果汁饮料。浑浊复合果汁饮料含有悬浮物质，不明澈；澄清复合果汁饮料中无明显悬浮物质，较透明。

浑浊复合果汁饮料工艺流程为：水果原料→清洗、挑选、分级→制汁→分离→杀菌→冷却→复合→调配→均质→脱气→杀菌→灌装→成品。

澄清复合果汁饮料工艺流程为：水果原料→清洗、挑选、分级→制汁→分离→杀菌→冷却→离心分离→酶法澄清→过滤→调和→脱气→杀菌→灌装→成品。

复合果汁饮料较好地保留了新鲜水果中富含的多种矿物元素、膳食纤维及生物活性物质等，具有维持体液酸碱平衡、预防贫血和心血管疾病等诸多保健功能。研究结果表明，特定的果汁饮料可通过改善人体巨噬细胞及淋巴细胞的活性增强细胞免疫，提高人体免疫力。

蔬菜汁饮料

蔬菜汁饮料是将一种或多种新鲜蔬菜汁（冷藏蔬菜汁、发酵蔬菜汁），加入食盐或糖等配料，经脱气、均质及杀菌等工艺制成的蔬菜汁制品。

◆ 分类

蔬菜汁饮料可分为纯蔬菜汁、复合蔬菜汁和发酵蔬菜汁饮料。①纯蔬菜汁饮料。一种新鲜蔬菜汁（或冷藏蔬菜汁）经食盐或糖等配料调制而成的制品。②复合蔬菜汁饮料。两种或两种以上的新鲜蔬菜汁（或冷藏蔬菜汁）经食盐或糖等配料调制而成的制品。③发酵蔬菜汁饮料。蔬菜经乳酸发酵后所得汁液经食盐等配料调制而成的制品。

凡具有良好风味的多汁蔬菜均可用于制造蔬菜汁及蔬菜汁饮料，包括绿叶菜类，如芹菜、莴笋等；白菜类，如白菜、甘蓝等；根菜类，如胡萝卜、萝卜等；茄果类，如番茄、辣椒等；瓜类，如西瓜、甜瓜、南瓜等；豆类，如大豆、落花生等；水生蔬菜类，如百合、芦荟等；另有葱蒜类和薯芋类。

◆ 生产流程

蔬菜汁饮料的生产流程包括原料洗涤、取汁、粗滤、澄清与精滤、均质、脱气、杀菌与包装等。①原料洗涤。洗去原料表面的尘土、泥沙、残留农药等，以及减少微生物污染。易受机械损伤的采用喷淋法洗涤，受农药污染的原料应先进行化学清洗后再浸泡和喷洗。②取汁。蔬菜汁生产的关键环节，一般包括破碎、取汁前预处理、菜汁提取几个步骤。多采用压榨法取汁。对部分难以用压榨法取汁的原料，可采用加水浸提法取汁。③粗滤。取汁后的蔬菜初汁中含有大量悬浮物质，包括蔬菜纤维、蔬菜碎屑和其他杂质，不仅影响蔬菜汁的感官和风味，且各种成分之间常发生物理和化学反应，导致蔬菜汁的质量发生变化。故需及时去除蔬菜初汁中的悬浮物和其他杂质。对于浑浊型蔬菜汁和带肉饮料，经粗滤除去粗大悬浮物即可。④澄清与精滤。生产澄清型蔬菜汁饮品时，还须进行澄清与精滤处理，以除去汁液中的悬浮物质和胶体物质。常用的澄清方法有自然澄清、冷冻澄清、热凝聚澄清、酶法澄清、澄清剂澄清和超滤澄清等。⑤均质。浑浊蔬菜汁饮料加工中的特有工序。均质可使蔬菜汁中的不同粒度、不同相对密度的悬浮颗粒进一步破碎细化，大小趋于均匀一致，形成均一稳定的分散体系。⑥脱气。可除去原料组织中溶解的一定量的气体，以避免蔬菜色素、香气成分、维生素 C 和其他物质的氧化，从而保持蔬菜汁良好的色泽和风味，防止营养成分的损失和马口铁罐的氧化腐蚀，避免灌装和杀菌时产生泡沫以及悬浮颗粒吸附气体上浮。⑦杀菌与包装。不同蔬菜汁饮料适用不同的杀菌方法，可采用巴氏杀菌、高温短时杀菌和超高温杀菌法杀菌。一般采用热灌装、冷灌装和无菌灌装等包装方式。

发酵蔬菜汁饮料

发酵蔬菜汁饮料是将蔬菜或蔬菜汁经乳酸发酵制成汁液，再加入水、食盐、糖等调制成的制品。

发酵蔬菜汁饮料可分为乳酸菌发酵蔬菜汁乳饮料和泡菜风味发酵蔬菜汁。①乳酸菌发酵蔬菜汁乳饮料。在蔬菜汁中添加少量乳粉和供乳酸菌利用的乳糖，所用的菌种与生产酸奶的菌种相同。乳酸菌发酵蔬菜汁乳饮料既有酸奶的乳香，又有蔬菜的清香，且营养比酸奶更丰富。②泡菜风味发酵蔬菜汁。采用发酵泡菜中分离的乳酸菌，选择合适的扩大培养基培养后接种于蔬菜汁中发酵制成。适用于组织较软，不适宜做泡菜的蔬菜（如番茄）。

以发酵胡萝卜汁饮料为例，其生产流程为：原料→去皮修整→破碎→热烫→打浆→加热杀菌→冷却→接种→发酵→口味与稳定性调配→均质→分装→杀菌（或冷藏）→冷却成品。

乳酸发酵是一种冷加工方式，加工过程中原料营养不流失，且乳酸菌可产生多种氨基酸、维生素、酶、有机酸和醇类物质等，可提高营养价值，改善风味，延长保质期，还可增加蔬菜汁的保健作用。

复合蔬菜汁饮料

复合蔬菜汁饮料是将多种蔬菜榨汁后混合制成的饮料。

复合蔬菜汁饮料是一种浑浊态蔬菜饮料，在风味、香气、色泽等方面都不同于单一蔬菜汁。不添加化学防腐剂、人工色素和食糖，可较好地保存新鲜蔬菜的营养成分和有效成分，维生素和矿物质含量丰富。热量低，含有 1.01% ～ 2.35% 的低分子糖，在供给等量矿物质营养素和维生素的情况下转化成饱和脂肪酸的量少。

复合蔬菜汁饮料可以番茄、胡萝卜、冬瓜、芹菜、莴笋、菠菜等蔬菜为原料。复合蔬菜汁饮料在口感和营养上与新鲜蔬菜相近，市场开发前景良好。

混合蔬菜汁饮料

混合蔬菜汁饮料是在由两种或两种以上蔬菜制成的混合蔬菜浓缩汁中加入水、糖液、酸味剂等调制而成的饮料。

常用作蔬菜浓缩汁的原料有绿叶菜类（如芹菜、莴笋等）、白菜类（如白菜、甘蓝等）、根菜类（如胡萝卜、萝卜等）、茄果类（如番茄、辣椒等）、瓜类（如西瓜、甜瓜、南瓜等）、豆类（如大豆、落花生等）、水生蔬菜类（如百合、芦荟等），另外还有葱蒜类和薯芋类。

混合蔬菜汁饮料的制备工艺包括蔬菜浓缩汁的制备和混合蔬菜浓缩汁复配。蔬菜浓缩汁的制备工艺流程为：原料→清洗→切片→热烫→打浆→过滤→压榨→巴氏杀菌→浓缩→冷冻保藏。混合蔬菜浓缩汁复配工艺流程为：原料解冻→配料→均质→罐装→杀菌→冷却。

混合蔬菜汁具有独特的色、香、味，能增进食欲，促进消化，并可综合多种蔬菜汁的营养价值。

复合果蔬汁饮料

复合果蔬汁饮料是以多种蔬菜和水果为原料榨汁，加入水和甜味剂、酸味剂、色素等食品添加剂制成的饮料。

根据产品形态，可分为浑浊果蔬汁饮料、澄清果蔬汁饮料和浓缩果蔬汁饮料。①浑浊果蔬汁饮料。果蔬打浆后未去除果汁中的纤维成分，果蔬汁液体呈浑浊状态。②澄清果蔬汁饮料。经过酶法澄清后去除纤维成分，果汁呈澄清状态。③浓缩果蔬汁饮料。经过加热去除部分水分，果蔬汁被浓缩，有利于保存。

常见的复合果蔬汁饮料有脐橙胡萝卜复合果汁饮料、沙棘红枣复合果汁饮料、番茄桑椹复合果汁饮料等。

复合果蔬汁饮料营养丰富，含有多种水溶性纤维、胡萝卜素、维生素等营养物质，容易被人体吸收，具有润肠通便、美容养颜的功效。果蔬汁可以直接饮用，也可以制成各种饮料，是良好的婴儿食品和保健食品，还可作为其他食品的原料。

乳制饮料

乳制饮料是以鲜乳或乳制品为原料（经发酵或未经发酵）加工制成的制品。

根据生产工艺，乳制饮料可分为配制型乳制饮料和发酵型乳制饮料。①配制型乳制饮料。以鲜乳或乳制品为原料，加入水、糖、酸味剂等调制而成。成品中蛋白质含量不低于 1.0%（m/V）的称乳饮料；蛋白质含量不低于 0.7%（m/V）的称为乳酸饮料。②发酵型乳制饮料。以鲜乳或乳制品为原料，在经乳酸菌培养发酵制得的乳液中加入水、糖等后，再调制而成。成品中蛋白质含量不低于 1.0%（m/V）的称乳酸菌乳饮料；蛋白质含量不低于的 0.7%（m/V）称乳酸菌饮料。

乳制饮料营养价值较低，但品种和口味多，成本低廉，盈利空间大，是城市型企业重要的发展方向之一。

乳酸饮料

乳酸饮料是在乳或乳制品的基础上添加其他成分的含乳饮料，又称乳（奶）饮料、乳（奶）饮品。

含乳饮料可分为配制型和发酵型。配制型含乳饮料以乳或乳制品为原料，加入水以及白砂糖和（或）甜味剂、酸味剂、果汁、茶、咖啡、植物提取液等的一种或几种调制而成。

发酵型含乳饮料以乳或乳制品为原料，经乳酸菌等有益菌培养发酵制得的乳液中加入水以及白砂糖和（或）甜味剂、酸味剂、果汁、茶、咖啡、植物提取液等的一种或几种调制而成，又称酸乳（奶）饮料、酸乳（奶）饮品，如乳酸菌饮料。根据是否经过杀菌处理，又可将其分为杀菌（非活菌）型和未杀菌（活菌）型。

优酸乳添加的维生素 A 和维生素 D 可提高免疫力，帮助更好地吸收钙质；铁和锌可促进营养均衡吸收，有助健康成长；牛磺酸可促进营养物质的吸收；等等。优酸乳并非发酵型酸奶，而是含奶饮料，牛奶含量较少，只含三分之一鲜牛奶，配以水、甜味剂、果味剂等，所以蛋白质含量只有不到 1%，营养价值低于酸奶。

酒精饮料

酒精饮料是酒精含量在 0.5%（体积分数）以上的饮料。

按生产工艺，酒精饮料可分为发酵酒、蒸馏酒和配制酒 3 类。①发酵酒。以粮谷、水果、乳类等为主要原料，主要经酵母发酵等工艺制成的、酒精含量小于 24%（体积分数）的饮料酒，又称酿造酒。②蒸馏酒。以粮谷、薯类、水果等为主要原料，经发酵、蒸馏、陈酿、勾兑制成的酒精浓度为 18% ～ 60% 的饮料酒。③配制酒。以发酵酒、蒸馏酒或食用酒精为酒基，加入可食用的辅料或食品添加剂，进行调配、混合或再加工制成的已改变原酒基风格的饮料酒。又称露酒。

商业部门按经营习惯将其分为白酒、黄酒、啤酒、葡萄酒、果酒和配制酒 6 类。

酒精饮料可直接饮用，也可作为食品配方的一部分。在食品烹饪过程中可用酒精饮料加强风味或产生特殊的风味。食品中酒精含量超过 0.5% 时，在食品配料标签中必须详细说明加入酒精饮料的种类及最终的酒精含量。

青梅酒

青梅酒是用青梅为原料制造的饮料酒。

梅树原产中国，多分布于长江以南各地，其果实系球形核果，未熟时为青色，成熟时一般呈黄色，具清香而味极酸。加工用梅果通常在未熟前采收，故名青梅。因其具有鲜艳的色彩、幽雅的清香和特殊的口味，用来配制饮料酒的历史悠久。

在热酒时放入青梅煮酒，是早期简单的配制青梅酒并即时饮用的方式，具有方便性和随意性。现在用青梅作为原料制造青梅酒有三种方法：一是采用发酵方法；二是采用发酵与浸泡结合的方法；三是采用食用酒精（或白酒、黄酒）为酒基的浸泡调配方法。按照《中国饮料酒分类》的国家标准（GB/T 17204—2008），采用前两种方法生产的青梅酒属果酒类，而用第三种方法生产的青梅酒属配制酒类。

青梅酒具有亮丽的色泽、幽雅的果香与酒香以及丰富的口感。其色泽有纯天然梅汁的浅金黄色，人工调制的深金黄色和翠绿色。口味有干型和甜型两种，以甜型为主。它适宜任何场合饮用，餐前可增进食欲，餐后帮助消化，也可兑苏打水作为饮料，具有开胃、促进唾液分泌等功效。

生产青梅酒的国家主要有中国和日本。

青梅酒

液态茶饮料

液态茶饮料是以茶叶的水提液或茶浓缩汁、速溶茶、超微茶粉等为主要原料，添加或不添加糖、甜味剂、酸味剂、食用香精等食品添加剂及果汁、乳制品、植（谷）物提取物等其他食品原辅料，经加工而成的液体饮料。

液态茶饮料可即开即饮，具有使用方便、时尚、快捷、健康等特点，是国际市场重要的饮料品类。

◆ 简史

现代罐装茶饮料，最早出现在 20 世纪 70 年代的美国市场，主要采用速溶茶以及香精香料开发生产瓶装或罐装充气冰茶饮料。80 年代初，日本首先开发成功以茶叶为主要原料的罐装乌龙茶饮料，随后茶饮料在中国台湾地区、东南亚及欧美等地逐渐得到发展，各种纯茶型、调味型、保健型的茶饮料产品不断被开发出来。中国大陆茶饮料的开发生产始于 80 年代初，试产了茶可乐、橘茗、桃茗等瓶装碳酸型茶饮料，但直到 90 年代中后期才得到快速发展，2000 年后开始成为中国饮料市场的主要产品类型，2008 年后中国成为国际上最大的茶饮料产销国。

◆ 产品

不同国家和地区及其不同发展时期的茶饮料产品类型和包装方式存在较大差异。一般根据所选原料和功能定位的不同，茶饮料主要包括纯味茶饮料、调味茶饮料、保健茶饮料等几大类，但花色品种众多。其中调味茶饮料又包括果汁茶饮料、果味茶饮料、奶茶饮料、奶味茶饮料、碳酸茶饮料和其他调味茶饮料。包装方式主要有塑料瓶装、金属罐装、玻璃瓶装、复合纸包装等多种包装形式。

◆ 加工方法

罐装（瓶装）茶饮料一般通过提取→过滤（澄清）→调配→灭菌→

包装等工艺流程加工而成。①提取。大多采用静态罐提或动态逆流提取方法，静态罐提的茶水比一般为 1∶（50 ～ 100），温度 40 ～ 90℃，时间 10 ～ 30 分钟。②过滤（澄清）。一般采用高速离心或膜过滤进行，高速离心的转速一般大于 8000 转 / 秒，膜过滤的孔径一般在 0.1 ～ 0.3 微米。③调配。按产品标准要求对感官和品质成分指标进行调配。④灭菌。塑料瓶或玻璃瓶装一般采用超高温瞬时灭菌（135℃，15 秒左右），易拉罐包装一般采用高温高压（121℃，20 分钟左右）。⑤包装。易拉罐包装一般在灭菌前进行包装，玻璃瓶或塑料瓶装一般采用 90℃ 左右热灌装或采用无菌冷灌装。

茶汤饮料

茶汤饮料是以茶叶的水提液或其浓缩液、速溶茶等为原料，可添加少量的食糖和（或）甜味剂，经加工制成的保持原茶汁应有风味的液体饮料。属于纯茶饮料。

◆ 产品标准

中国国家标准 GB/T 21733—2008《茶饮料》规定了茶饮料的产品分类、技术要求、试验方法、检验规则、标志、包装、运输和贮存。茶汤饮料除对风味有要求以外，对茶多酚和咖啡因含量也有明确要求，具体要求为：绿茶茶多酚含量大于 500 毫克 / 千克，乌龙茶茶多酚含量大于 400 毫克 / 千克，红茶、花茶和其他茶茶多酚含量大于 300 毫克 / 千克；绿茶咖啡因含量大于 60 毫克 / 千克，乌龙茶咖啡因含量大于 50 毫克 / 千克，红茶、花茶和其他茶咖啡因含量大于 40 毫克 / 千克。

◆ **主要类型**

茶汤饮料产品主要包括绿茶饮料、乌龙茶饮料、红茶饮料、花茶饮料、普洱茶饮料等。日本和中国台湾地区大部分茶饮料以茶汤饮料为主。

◆ **工艺流程**

茶汤饮料的生产工艺流程一般为：茶汁浸提→过滤→调配→灭菌→灌装。①茶汁浸提。除了受茶叶内质因素影响外，还与浸提方式、水质、温度、时间、水量、茶水比等有关。②过滤。常用高速离心和膜过滤等方式，将茶汁中悬浮颗粒物质去除。③调配。是茶汤饮料成品的关键工序。将所需要的物质按比例装配混合，为了保护色泽、提高口感，经常添加少量的抗氧化剂和甜味剂。④灭菌和灌装。经常结合在一起，超高温瞬时灭菌和冷灌装是高品质茶汤饮料生产最常用的灭菌灌装方式。

发酵茶饮料

发酵茶饮料是在茶叶或茶提取物为主的基质中接种特定微生物，通过它们的代谢等作用使茶叶发生深度生理生化变化后制成的饮料。

按照茶叶种类不同，发酵茶饮料分为发酵绿茶饮料、发酵红茶饮料、发酵黄茶饮料、发酵白茶饮料、发酵乌龙茶饮料和发酵黑茶饮料。按接种微生物种类不同，发酵茶饮料分为细菌发酵茶饮料、酵母菌发酵茶饮料、霉菌发酵茶饮料和食药用真菌发酵茶饮料。主要的发酵茶饮料包括红茶菌饮料、保健茶饮料、冠突散囊菌发酵茶饮料、茶啤酒饮料和茶酒饮料等。

◆ **红茶菌饮料**

红茶菌是红茶水、白糖酿成含酵母菌、醋酸菌和乳酸菌的菌液。因菌膜酷似海蜇皮，被誉为海宝。红茶菌具有帮助消化的功能，可治疗多种胃病，被称为胃宝。红茶菌含有多糖、茶多酚、低聚异麦芽糖、醋酸、乳酸、柠檬酸和益生菌等，具有多种保健功能。

◆ **保健茶饮料**

保健茶饮料是在特定茶汁中，按一定比例接种保加利亚乳杆菌或嗜热乳酸杆菌等一种或多种特定菌种，在特定温度下发酵一定时间后，制得的具有茶香、营养丰富、风味独特的茶饮料。

◆ **冠突散囊菌发酵茶饮料**

冠突散囊菌发酵茶饮料是利用冠突散囊菌直接发酵茶汁所得的茶饮料，汤色红艳透明、甜香味浓郁、滋味醇和，且具有黑茶的保健功能。

◆ **茶啤酒饮料**

茶啤酒饮料是利用茶叶提取物、麦芽糖及其他辅料接种啤酒酵母制得的饮料，具有啤酒风味，且有茶保健功能。

◆ **茶酒饮料**

茶酒饮料是以茶汁或茶提取物为底物，添加少量的糖类物质作为碳源，接种酵母进行发酵，然后经过陈酿、调配而成的具有茶风味和保健功能的含酒精饮料。

调味茶饮料

调味茶饮料是以茶叶的水提取液或其浓缩液、茶粉等为原料，添加食糖、果汁、乳制品及二氧化碳、甜味剂、酸味剂、食用香精等辅料的一种或几种，经调配和加工而成的液体饮料。

20世纪70年代，美国市场开发出的瓶装或罐装充气冰茶饮料，是国际上最早的调味茶饮料。之后，适应不同消费区域和时代特点，调味茶饮料产品被大量开发出来，特别是在欧美、东南亚等地区形成了众多的花色品种。在中国，根据添加辅料的不同，调味茶饮料主要包括果汁茶饮料、果味茶饮料、奶茶饮料、奶味茶饮料、碳酸茶饮料和其他调味茶饮料。调味茶饮料加工一般侧重于生产效率的提高，大多采用茶浓缩汁、速溶茶粉等原料来直接调配。初期的产品大多采用甜味剂、酸味剂、食用香精等合成辅料，随着人们对自身食品安全要求的不断提高，逐渐开始使用各类天然的甜味、酸味调节剂和花果植物浓缩液等进行调制。

调味茶饮料的核心是配方设计，茶味和各种辅料感官风味的整体平衡性、协调性及其风味特色至关重要。在中华人民共和国国家标准GB/T 21733—2008《茶饮料》中，对调味茶饮料的茶多酚含量有严格的要求：要求果汁茶饮料、果味茶饮料、奶茶饮料和奶味茶饮料中的茶多酚含量不少于200毫克/千克，碳酸茶饮料中茶多酚含量也需要达到100毫克/千克，其他类型的调味茶饮料中茶多酚含量不少于150毫克/千克。

固体饮料

固体饮料是以糖、食品添加剂、果汁或含植物油的抽提物等为原料制成的粉末状、颗粒状、块状的饮料制品。食用时加水冲饮即可。

固体饮料按添加的内容物不同可分为：加果汁和营养强化剂的果香型，加乳制品、蛋粉、植物蛋白或营养强化剂的蛋白型，以及咖啡、可可、菊花精等其他型。按溶于水时是否起泡可分为起泡型和非起泡型。固体饮料的质量主要表现在溶解性，冲调后的香气、滋味、浑浊度的稳定性等。其中，果香型固体饮料多采用微胶囊技术，并具有良好的冷水冲调性。

在中国，随着人们消费观念的转变以及固体饮料企业的精耕细作，再加上固体饮料因其方便、快捷、品类繁多的特点，越来越受到消费者的追捧。行业内企业数量和行业产销规模不断扩大，市场中以速溶咖啡、速溶茶、奶粉、奶茶、果粉为代表的固体饮料产品占据了主要份额。其中，奶茶产品是固体饮料的新主力。

咖　啡

咖啡是茜草科咖啡属植物，又称咖啡树、阿拉伯咖啡等。常见种为小粒咖啡、中粒咖啡和大粒咖啡。

咖啡原产于埃塞俄比亚热带雨林地区或阿拉伯半岛，中国南部和西南部有引入栽培。

◆ 形态特征

咖啡是灌木或乔木，枝略呈圆柱形，顶部略压扁。叶对生，极少3枚轮生，膜质或薄革质，无柄或具柄。托叶阔，生于叶柄间，不脱落。花通常芳香，无梗或具短梗，簇生于叶腋内成球形或排成腋生少花的聚伞花序，偶有单生。苞片常常合生。萼管短，近管形或陀螺形，顶部截平或4～6齿裂，里面常具腺体，宿存。花冠白色或浅黄色，罕有呈玫瑰红色，高脚碟形或漏斗形，喉部无毛或被长柔毛，顶部5～9裂，极少4裂，裂片开展，花蕾时期旋转排列。雄蕊4～8枚，生于冠管

咖啡

喉部，花丝短或缺，花药近基部背着，线形，突出或内藏。花盘肿胀，子房2室，花柱线形，稍粗，柱头2裂，胚珠每室1颗。浆果球形或长圆形，干燥或肉质，有小核2颗。小核革质或肉质，

咖啡果实

背部凸起，若为革质时腹面有纵槽，膜质时则无纵槽。种子腹面凹陷或具纵槽。胚根圆柱形，向下。

◆ **生长习性**

咖啡适宜栽种温度为 19 ～ 21℃，降水量以 1000 ～ 1600 毫米为宜，光照要求有适度荫蔽条件，土壤土层厚度须超过 100 厘米。

◆ **用途**

咖啡是最重要的热带食品原料之一，含有淀粉、脂类、咖啡因、芳香物质等多种有机物质，广泛用于食品产业。在世界三大饮料中，咖啡的消费量最大，约为可可的 3 倍，茶叶的 4 倍。除饮料和食品外，咖啡碱还在医药上用于麻醉剂、兴奋剂和强心剂。

颗粒状固体饮料

颗粒状固体饮料是外形呈不等形颗粒状的固体饮料。粒径大于 1 毫米。一般可用两种方法制得：①通过配料、造粒、干燥、筛分制成。②通过配料、干燥、粉碎、筛分而制成。

以真空冷冻干燥绿豆全粉固体饮料为例，其生产工艺流程为：绿豆→清洗→浸泡护色→煮豆→预冻→升华干燥→解析干燥→粉碎→过筛分级→调配、混合→制软材→制粒→干燥→整粒→成品。

颗粒状固体饮料冲泡时与水接触的表面积大，较块状固体饮料溶解速度快，又不像粉末状固体饮料在冲泡过程中易产生结块粘连现象。

块状固体饮料

块状固体饮料是外形呈立方块状的固体饮料，又称块状茶糖。

制作块状固体饮料，是把糖粉（预先粉碎成细粉的原料按配方充分混合后）用模型压成立方块形状，并把咖啡粉、可可粉或其他香味料夹在糖块中心以增加其风味。规格一般为厚 2 厘米、长 3 厘米、高 2.6 厘米。每块净重 18 ～ 20 克，其中咖啡粉、可可粉等为 2 ～ 2.5 克。

块状茶糖工艺流程：

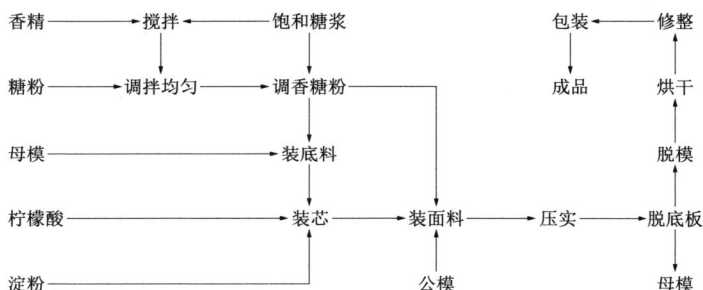

块状固体饮料产品块形整齐，易溶于水，香甜可口，具有原料特有的风味。

起泡型固体饮料

起泡型固体饮料是在原料中加入柠檬酸和碳酸氢钠，溶于水后产生柠檬酸钠和碳酸，碳酸进一步分解成二氧化碳和水，二氧化碳气逸出形成气泡的饮品。

起泡型固体饮料的加工工艺包含以下几个步骤。①原料处理。固体原料应粉碎处理。②加配料混合。为避免配料时碳酸盐与有机酸起化学反应，必须将它们分开。碳酸盐通常在最后阶段加入。加配除碳酸盐外的其他原料时可采用湿式混合，即部分原料允许含少量水分；也可采用干式混合，即将原料（碳酸盐除外）加工成粉末状，各种原料含水量应在 2% 以下，用混合机搅拌均匀。干式混合工艺简单，但混合均匀度比湿式混合稍差。③加碳酸盐混合。常用的碳酸盐是碳酸氢钠和碳酸钙，需研磨成粒度小于 100 微米的粉末。加入碳酸盐后需经混合机再次混合。④包装。混合均匀后，按规格要求进行包装。

蛋白饮料

蛋白饮料分为含乳饮料和植物蛋白饮料。

含乳饮料是以鲜乳或乳制品为原料（经发酵或未经发酵）加工制成的饮料；植物蛋白饮料是以蛋白质含量较高的植物的果实、种子或核果类、坚果类的果仁等为原料加工制成的产品。

蛋白饮料的质量特征指标是蛋白质含量。含乳饮料的蛋白质含量应在 0.7% 以上，植物蛋白饮料的蛋白质含量应在 0.5% 以上。含乳饮料中以鲜乳或乳制品为原料，加入水、糖液、酸味剂等调制的为配制型含乳饮料，其中蛋白质含量不低于 1% 的为乳饮料，不低于 0.7% 的为乳酸饮料；经发酵再加入水、糖液等调制的为发酵型含乳饮料，其中蛋白质含量不低于 1% 的为乳酸菌乳饮料，不低于 0.7% 的为乳酸菌饮料。植物蛋白饮料主要有豆乳类饮料、椰子汁、杏仁露、核桃乳、松仁乳等，除豆乳类饮料外，其他都是中国特有的饮料。

植物蛋白饮料

植物蛋白饮料是以蛋白质含量较高的植物种子或核果类、坚果类的果仁等为主要原料，经加工制成的乳状饮料。

植物蛋白饮料根据其原料不同大致可分为以下几类：①豆乳类饮料。以大豆为主要原料，在经磨碎、提浆、脱腥等工艺制得的浆液中加入水、糖等后，再调制而成的制品，如纯豆乳、调制豆乳、豆乳饮料。②椰子乳（汁）饮料。以新鲜、成熟适度的椰子为原料，取椰肉榨成椰浆，加水、糖等调制而成的乳浊状制品。③杏仁乳（露）饮料。以杏仁为原料，经浸泡、磨碎、提浆等加工工序，加入适量水、糖等调制而成的乳浊植物蛋白饮料。④其他植物蛋白饮料。其他原料（如核桃仁、花生、银杏、南瓜子、葵花子等）与水按一定比例混合，经磨碎、提浆等加工工序后，再加入糖等配料调制而成的制品。如核桃乳、花生乳等。

植物蛋白饮料的生产工艺流程为：原料→预处理→加水制浆→过滤脱气→加水和配料调配→均质→杀菌灌装→成品。

植物蛋白资源丰富，分布广泛，具有独特的营养价值，植物蛋白饮料的研究和开发前景广阔。

动物蛋白饮料

动物蛋白饮料是以动物蛋白为主要原料加工、调配制成的蛋白饮料。

根据原料，动物蛋白饮料可分为水解动物蛋白饮料、乳饮料、蛋类饮料、昆虫类动物型蛋白饮料和其他动物型蛋白饮料。①水解动物蛋白饮料。以水解动物蛋白为主要原料制成。加工工艺流程为：原料处理→酶解制取多肽→调香加乳→灭菌→包装。水解动物蛋白（HAP）的蛋白质含量高达90%以上，主要成分为低分子多肽，含有人体必需氨基酸和人体必需的多种微量元素。水解动物蛋白饮料富含蛋白质和氨基酸，耐酸性和溶解性好，吸收效果好。②乳饮料。以乳（如牛乳、羊乳、驴乳等）为主要原料制成。加工工艺流程：鲜乳→杀菌→冷却→接种乳酸菌发酵剂→培养发酵→稀释→包装→冷却。乳中富含蛋白质，主要有酪蛋白和乳清蛋白。乳饮料味道香甜，具有奶香味。③蛋类饮料。以禽蛋为主要原料制成。加工工艺流程为：乳酸菌纯培养物→菌种扩大培养→蛋液→牛乳→均匀（搅拌）→一次灭菌→接种→恒温发酵与培养→均质→添加稳定剂→二次均质→加热→装瓶密封→灭菌→冷却→成品。禽蛋营养丰富，富含优质蛋白质及其他营养元素，经酶解、发酵后营养更易消化吸收。④昆虫类动物型蛋白饮料。以昆虫类动物型蛋白为主要原料制成。加工工艺流程为：鲜虫→消毒→清洗→漂烫→破碎→取浆→过滤→调配→预热→均质→真空→包装→杀菌→冷却→成品。昆虫是地球上最为丰富的蛋白质资源，具有高蛋白、低脂肪、低胆固醇和营养结构合理的特点，极具开发潜力，昆虫类动物型蛋白饮料已成为新的研究方向和热点。昆虫类动物型蛋白饮料风味独特，口感柔和细腻，营养丰富。⑤其他动物型蛋白饮料。如血浆蛋白粉、富含肉蛋白的营养奶粉等。

运动饮料

运动饮料是营养素的组分和含量能适应运动员或参加体育锻炼、体力劳动人群特殊营养需求的软饮料。属于特殊用途饮料（品）类。

运动饮料以水、低聚糖、果汁等为原料，添加微量元素、维生素等营养成分，经调配、过滤、杀菌等工艺加工制成。

运动饮料含有一定量的碳水化合物、维生素和电解质，能为经过高强度劳动或运动的人群补充水分，迅速补充能量，有助于维持血糖稳定和体液平衡。

运动饮料中含有丰富的碳水化合物，饮用后会引起血糖升高；运动饮料中的各种电解质会加重肾脏的负担，引起血压升高、心脏负荷增大。因此糖尿病患者、高血压患者、未经运动的人不宜盲目饮用运动饮料。

冷冻饮料

冷冻饮料是用乳及乳制品，蛋及蛋制品，甜味剂，香精，稳定剂及着色剂等原料混合后，经加热、杀菌、凝冻而制成的饮料。

冷冻饮料通常分为棒冰、冰激凌、雪糕3类。①棒冰。以饮用水、食糖等为主要原料，可添加适量食品添加剂，经混合、灭菌、硬化、成型等工艺制成的冷冻饮品。又称冰棒、冰棍。为改善棒冰的风味和营养价值，常加入牛奶。棒冰的组织一般较坚硬且不易融化。②冰激凌。以饮用水、乳和（或）乳制品、蛋制品、水果制品、豆制品、食糖、食用植物油等的一种或多种为原辅材料，添加或不添加食品添加剂和（或）食品营养强化剂，经混合、灭菌、均质、冷却、老化、冻结、硬化等工艺制成的体积膨胀的冷冻饮品。冰激凌与棒冰工艺上的差别在于冰激凌有均质搅打的过程，组织更加疏松，口感更加细腻，而棒冰没有这一过程。此外，冰激凌的形式多样，营养价值较高。③雪糕。以饮用水、乳品、食糖、食用油脂等为主要原料，添加适量增稠剂、香料，经混合、灭菌、均质或轻度凝冻、浇模、冻结等工艺制成的产品。是介于冰棍和冰激凌之间的冷冻饮料。雪糕的制作需要经过均质，使其组织疏松多孔，冰棍生产则无此工序。雪糕和冰激凌都有均质工序，但雪糕没有硬化工序。

冰激凌

冰激凌是以饮用水、乳和（或）乳制品、蛋制品、水果制品、豆制品、食糖、食用植物油等的一种或多种为原辅材料，添加或不添加食品添加剂和（或）食品营养强化剂，经混合、灭菌、均质、冷却、老化、冻结、硬化等工艺制成的体积膨胀的冷冻饮品。

冰激凌的成分根据地区和品种不同而异。较好的冰激凌成分应为：乳脂肪 6%～10%，非脂乳固体 10%～15%，蔗糖 12%～15%，固形物 32% 以上。

◆ 简史

中国唐朝时期，人们将雪和水果、果汁混合在一起食用，形成冰激凌雏形。13 世纪，该技术由马可·波罗传到了西方，并在西方盛行。此后的 500 年，冰激凌技术没有大的发展，直到 19 世纪，随着手动冰激凌机的发明，冰激凌逐渐开始生产和销售。机械冷冻机和动力冰激凌制造设备发明后，冰激凌产品才有大规模的生产和销售。随着科学的逐渐发展和新技术的应用，连续式凝冻机已广泛用于冰激凌生产。

◆ 分类

冰激凌的种类较多，分类方法也较多，常见的是按含脂率分类，可分为全乳脂冰激凌（主体部分乳脂质量分数为 8% 以上）、半乳脂冰激凌（主体部分乳脂质量分数大于等于 2.2% 的冰激凌）、植脂冰激凌（主体部分乳脂质量分数低于 2.2% 的冰激凌）等。其中，全乳脂冰激凌又可分为清型全乳脂冰激凌（不含颗粒或块状辅料的全乳脂冰激凌，如奶油冰激凌、可可冰激凌等）、组合型全乳脂冰激凌（以全乳脂冰激凌为主体，与其他种类冷冻饮品和 / 或巧克力、饼坯等食品组合而成的制品，其中全乳脂冰激凌所占质量分数大于 50%，如巧克力奶油冰激凌等）；半乳脂冰激凌又可分为清型半乳脂冰激凌（不含颗粒或块状辅料的半乳脂冰激凌，如香草半乳脂冰激凌等）、组合型半乳脂冰激凌（以半乳脂冰激凌为主体，与其他种类冷冻饮品和 / 或巧克力、饼坯等食品组合而成的制品，其中半乳脂冰激凌所占质量分数大于 50%，如脆皮半乳脂冰激凌等）；植脂冰激凌又可分为清型植脂冰激凌（不含颗粒或块状辅料的植脂冰激凌，如豆奶冰激凌等）；组合型植脂冰激凌（以植脂冰激凌为主体，与其他种类冷冻饮品和 / 或巧克力、饼坯等食品组合而成的制品，其中半乳脂冰激凌所占质量分数大于 50%，如巧克力脆皮植脂冰激凌等）。

◆ **生产原料**

冰激凌的主要原辅料有 6 种：①油脂。来源于奶油、牛奶、炼乳、全脂奶粉、植物油等。可使冰激凌结构形成，使产品有乳香味和细腻感。②非脂乳固体。来源于牛奶、奶粉、乳清粉等。能乳化脂肪，促进混合料黏稠，增加亲水能力，有利于混入气泡，防止结晶形成和增大，改进抗融性，防止脱水收缩。③糖。来源除常用的蔗糖外，还有液体葡萄糖浆、果糖、乳糖等。能增加固形物，产生甜味，影响硬度。④乳化剂。有单甘脂、丙二醇脂肪酸酯、山梨糖醇酐酯、卵磷脂等。能改进基料中脂肪的分布，控制脂肪聚结，促进空气的混合，挤出时形成滑爽的结构，改进抗融性，防止收缩。⑤稳定剂。有明胶、刺槐豆胶、琼脂、海藻酸钠、果胶、羧甲基纤维素等。有亲水性，能提高冰激凌的黏度和膨胀率，有抗融增稠作用。⑥香精、香料和色素。赋予成品良好的风味和颜色，提高其食用价值。

◆ **发展趋势**

冰激凌被誉为"冷饮之王"，其品种、口味繁多，组织细腻，香甜浓郁，滋味可口，并含有一定的乳脂肪和无脂干物质，具有较高的营养价值，广受消费者欢迎。未来，冰激凌产品将向天然、保健、功能化方向发展，无脂肪、低热量、不含糖的冰激凌正成为市场新宠。

棒　冰

棒冰是以饮用水、食糖等为主要原料，可添加适量食品添加剂，经混合、灭菌、硬化、成型等工艺制成的冷冻饮品，又称冰棒、冰棍。

棒冰的加工工艺如图所示。

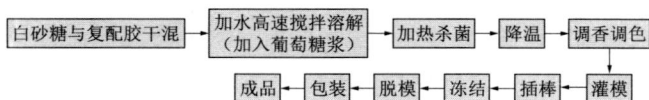

白砂糖与复配胶干混 → 加水高速搅拌溶解（加入葡萄糖浆） → 加热杀菌 → 降温 → 调香调色

成品 ← 包装 ← 脱模 ← 冻结 ← 插棒 ← 灌模

棒冰品种繁多，有多种分类标准。根据加工工艺可分为清型冰棒、混合型冰棍、夹心型冰棍、拼色型冰棍和涂布型冰棍等；根据组成和风味可分为果味棒冰、果汁棒冰、豆类棒冰、果泥棒冰和果仁棒冰等。

棒冰

雪 糕

雪糕是以饮用水、乳品、食糖、食用油脂等为主要原料，添加适量增稠剂、香料，经混合、灭菌、均质或轻度凝冻、浇模、冻结等工艺制成的产品。

雪糕的总固形物、脂肪含量较冰激凌低。膨化雪糕在生产时需采用凝冻技术，凝冻过程中产生膨胀，故组织松软、口感好。雪糕的干物质比棒冰含量高，在工艺上不需要凝冻，其他方面同棒冰。

一般雪糕的配方为：牛乳 32% 左右，淀粉 1.25%～2.5%，砂糖 13%～16%，精炼油脂 2.5%～4.0%，其他特殊原料 1%～2%，香料适量，着色剂适量。根据产品的组织状态，可将雪糕分为清型雪糕、混合型雪糕和组合型雪糕。

雪糕生产工艺如图所示。

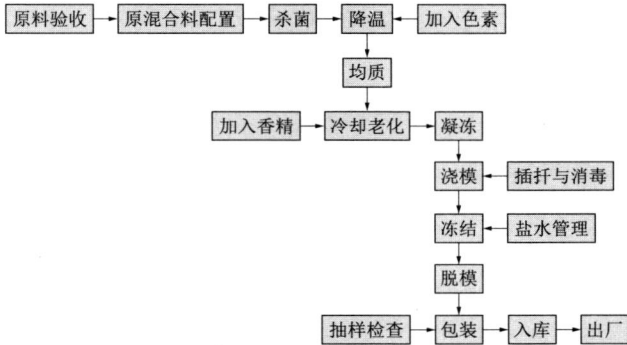

原料验收 → 原混合料配置 → 杀菌 → 降温 → 加入色素

均质

加入香精 → 冷却老化 → 凝冻

浇模 → 插扦与消毒

冻结 → 盐水管理

脱模

抽样检查 → 包装 → 入库 → 出厂

本书编著者名单

编著者 （按姓氏笔画排列）

于海峰	王贵禧	王锡昌	方炎明
尹军峰	向增旭	刘元法	刘孟军
江连洲	许勇泉	苏淑钗	李　列
李　疆	杨铭铎	宋壮兴	宋丽丽
迟晓元	陈希浩	孟祥河	赵亚利
胡会刚	禹山林	施文正	高文德
黄坚钦	彭方仁	覃海宁	傅嘉欣
舒常庆	雷　永	裴　东	廖伯寿